エアライン研究会

最新版

飛行機に乗るのがおもしろくなる本

扶桑社文庫
0768

この作品は２００７年12月刊「飛行機に乗るのがおもしろくなる本」を大幅に改訂したものです。

はじめに

ワクワクとドキドキに満ちた空の旅。その主役となるのが飛行機だ。

何度も乗っていると、つい見過ごしがちになるが、一歩踏み込んで観察すると、飛行機が謎や不思議の宝庫だということに気づくだろう。

なぜ飛行機はいつも1万メートルの高さで飛んでいるのか？　出発時の燃料をあえて満タンにしない理由は？　機内のトイレがあれほど勢いよく吸い込むのはどうして？　LCCが激安運賃を実現できる秘密は何か？　あの大きな機体には、数々の疑問が詰め込まれているのである。

飛行機ほど、好奇心をかき立てられる乗り物はない。そもそも、巨大な鉄の塊が空を飛ぶ、というところからして、どうかしている。

本書は、飛行機にまつわる謎や不思議を網羅した。本書を読んで、飛行機のおもしろさ、すごさを味わっていただければ幸いである。

エアライン研究会

目次

第1章 機内 搭乗したときにふと気になる数々の謎

なぜフライト中の機内はいつも乾燥しているのか？

第2章 フライト　上空１万メートルで気づいた素朴な疑問

第3章 乗務員 乗っただけではわからないパイロットと客室乗務員の仕事

パイロットのカバンには、いったい何が入っている？

第4章 機体 外見からは見えてこない摩訶不思議

飛行機の部品はなんと接着剤でくっつけている！

第5章 航空ルール
航空業界ならではの意外な常識

乗客の生死を分ける緊急脱出時の「90秒ルール」とは？

第6章 空港 知られざる離着陸の決めごと

なぜ滑走路の向きは空港によってまちまちなのか？

第1章

機内

搭乗したときにふと気になる数々の謎

なぜフライト中の機内はいつも乾燥しているのか？

飛行機の窓はなぜ小さくて角が丸いのか？

フライト中、思わず窓に顔を寄せて外の景色に見入ってしまったりする。だが、なぜか飛行機の窓は小さくて四隅が丸い。四角い大きな窓ならもっと外の景色が見やすいのに……と思う人もいるのではないか。

飛行機の客室の窓は住宅の窓と違い、すべて四隅が丸くなっている。これは、窓を割れにくくするための工夫のひとつである。四角い窓だと、圧力や衝撃を受けたとき、角の部分に力が集中して亀裂が生じやすい。丸い形なら、力が全体に分散されて割れにくいからだ。

ほかにも、飛行機の窓には、割れないようにするための、特殊な構造が施されている。

まず、客室の窓は3層構造になっている。一番外側のパネルは、機内の気圧を支えて空気を外側に逃がさない役目をしている。二番目のパネルは、万が一、外側のパネルが破損したときの代わりをする。一番内側のパネルは、ほかの2層のパネルを保護する役目をしている。

材質はガラスではなく、透明のアクリル樹脂で、これらはガラスよりも軽くて柔軟性があり、ヒビが入っても広がりにくいので飛行機の窓には適しているのだ。

空気の力は上空にいくほど小さくなる。つまり、気圧が低くなる。

たとえば高度1万メートルの気圧は約0・2気圧だ。このとき機内は0・8気圧で、その差は0・6気圧。つまり、飛行機の胴体は0・6気圧の力で外側に膨らもうとしているのだ。これは、1平方メートルあたり6トンの力が加えられている計算になり、客室の窓1枚にも何百キロもの力が加わることになる。

◆客室の窓の構造

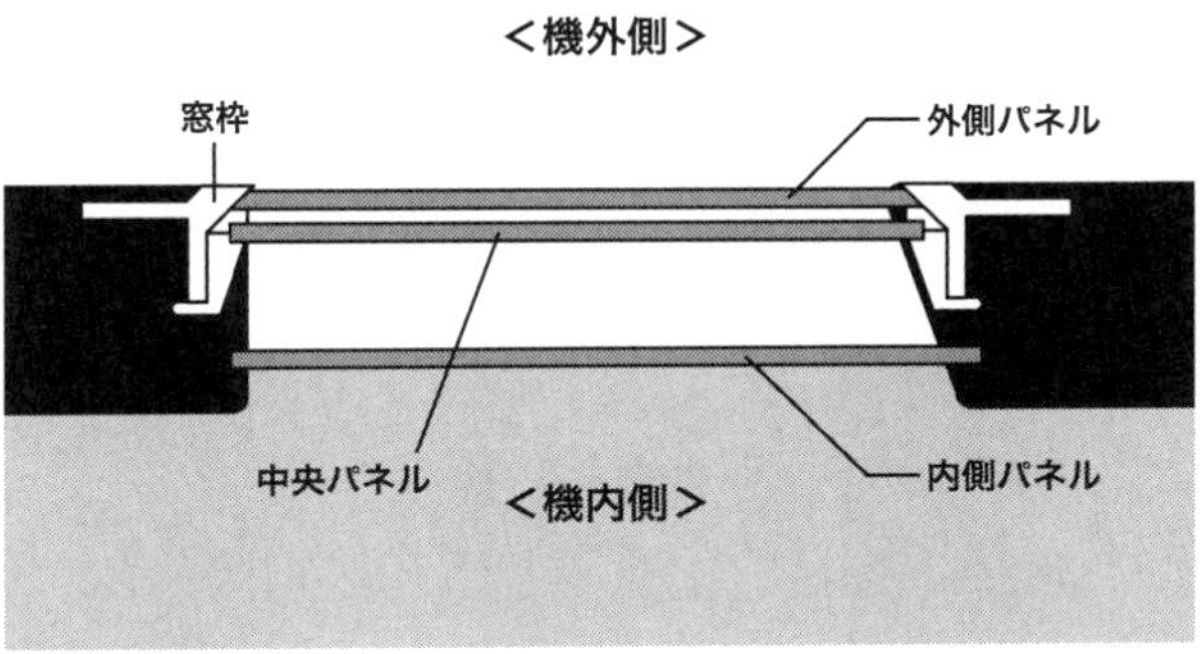

もし、飛行中に窓が壊れたら、機内の空気が外に噴出して機内のものが外に吸い出されてしまう。実際、1973年には、窓が外れて乗客が外に吸い出されてしまう事故が起こった。そのため、飛行機の窓1枚にも細かい配慮がなされ、安全性が保たれているのだ。

座席表示のアルファベットになぜか「I」が抜けているワケ

今ではどの航空会社でも、事前に座席指定ができるようになり、自分が望む座席が予約できるようになった。予約をするときは、各機種のシートマップが各航空会社のホームページに掲載されているので、インターネットで自由に調べることができる。

座席番号は、横列の場合、機首に向かって左からA、B、C……とつけられていて、最後はKのあたりで終わる。また、前方から1、2、3、4……と順に後方に向かって番号がつけられている。機種の大きさによって何番まであるかは異なるが、だいたいのところをつかんでおくと、どのアルファベットが窓側かとか、何番が翼の上かなどがわかって便利だ。

このアルファベットのつけ方で、ある疑問を持っていた人もいるのではないだろうか。Aから順にアルファベットをふっていけばHの次は当然Iなのだが、実際の座席を見るとIがなくていきなりJに飛んでいる。

これは、世界中のどの飛行機の座席でも同じようだが、なぜIが抜けているのだろうか。

じつは、アルファベットのIは、数字の1と混同しやすいということから、あえて抜かしている。たとえば、搭乗券に「11I」と書かれていたら、「111」と見間違える人もいるかもしれない。そういう間違いを避けるために、アルファベットのIは座席番号には使わないのだ。

航空会社によっては、Aの次にBではなく、Cがつけられている場合がある。これはアルファベットのBが数字の13と混同しやすいからである。

飛行機の機内座席配置のことを「コンフィギュレーション」というが、航空会社や路線によってさまざまな種類がある。日本航空では数十種類のコンフィギュレーションを路線によって使い分けている。

たとえば、JALグループの国内線主力機種であるボーイング777を見てみると、前方キャビンは2＋4＋2の横8席配置のクラスJ、その後方に3＋4＋3の横10席配置の普通席が続く。シートマップを見て、機種ごとに見比べてみるのも新しい発見があっておもしろいものだ。

高度1万メートルを飛んでいる飛行機 なぜ機内の空気は薄くならないのか?

飛行機の離着陸時に、耳に違和感を覚えた経験があるだろう。これは急激な気圧の変化による影響だ。

地上の気圧は1気圧だが、飛行機が高度を上げるにつれて機内の気圧は下がる。だが、耳の中は地上の気圧と同じままなので、鼓膜《こまく》が内側から押されるためだ。

飛行機は、通常約1万メートルの上空を飛んでいる。地上で1気圧の大気は、地上1000メートルで0・9気圧、2000メートルでは0・8気圧、1万メート

◆高度と気圧、温度の関係
（海面の気圧を1気圧、温度を15℃とした場合）

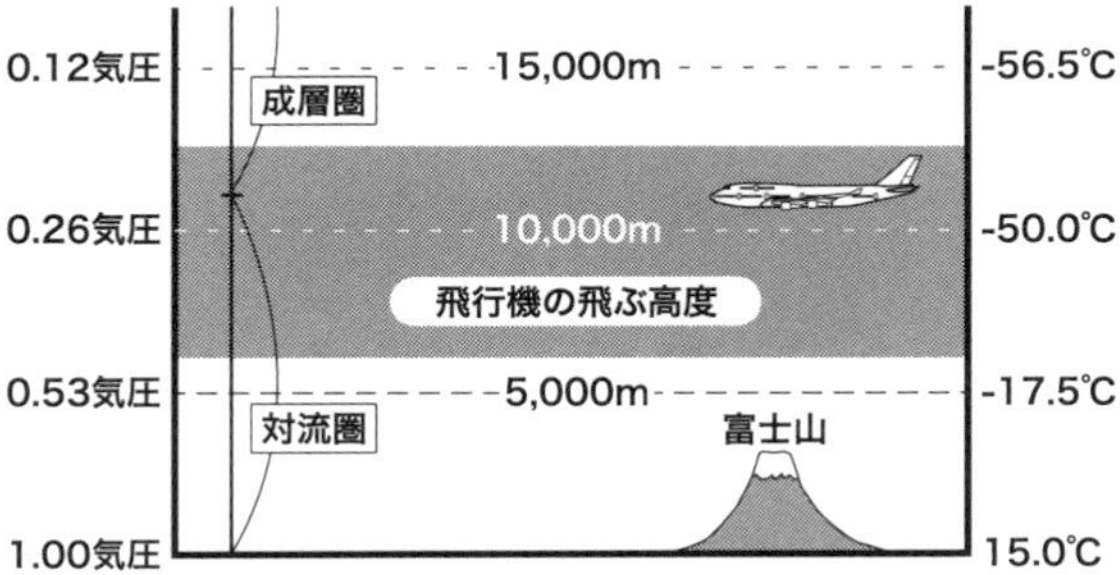

ルでは０・２６気圧と、地上の約５分の１になる。

さらに気温も高所ほど低くなる。地上で15度だとすると、１０００メートルでは８・５度、２０００メートルで２・０度、１万メートルではマイナス50度だ。当然、人間はこの急激な気圧と気温の変化に耐えられない。そのため飛行機には、機内の気圧と気温を調整する装置が備わっている。

機内の気圧を調整するために主翼の左右のエンジンから空気を取り入れて、圧縮した空気を機内に送り込み、気圧を機外より高くするのだ。この空気は高温・高圧なので、エアサイクルパックという装置によって冷たい外気を混ぜて温度を調整し、客室内に送り込んでいる。

また、機内の汚れた空気を機外に出すため、客室内を循環した空気は床下の両側から後方に流され、最後は圧力調整弁を通って機外に放出される。

このようなしくみによって、機内の気圧は高度7500メートルくらいまでは地上と同じ1気圧に、1万メートルでは約0・8気圧に保たれ、温度も22〜23度くらいに調整されて、乗客が快適に過ごせるようになっている。

なぜ旅客機のトイレはあんなに勢いよく吸い込むの?

長時間のフライトの際にお世話になるのがトイレである。たとえ空の上であろうとも、トイレはできるだけ快適な空間であってほしいもの。

旅客機のトイレのシステムには現在、おもに2種類ある。ひとつは、ボーイング747やDC10型機の「循環式」で、もうひとつはボーイング767、787に使われている「バキューム式」だ。

現在では、いずれも水洗式だが、じつは水洗式になったのはジェット旅客機になってからのこと。かつては、汚物タンクに溜め込んで着陸後にタンクごとはずして清掃する汲み取り式だった。そのため、機内に悪臭が漂うということもしばしばあったようだ。

その後、タンクは機内に固定し、汚物だけ抜き取る方法になった。そしてボーイング７０７やＤＣ８型機などのジェット時代になって、水洗式になった。

循環式は、汚物タンクに溜まった汚物のうち、汚水だけをろ過して水洗用に再利用するしくみで、殺菌、脱臭、着色された青い洗浄剤が入れてある。この循環

◆バキューム式トイレのしくみ

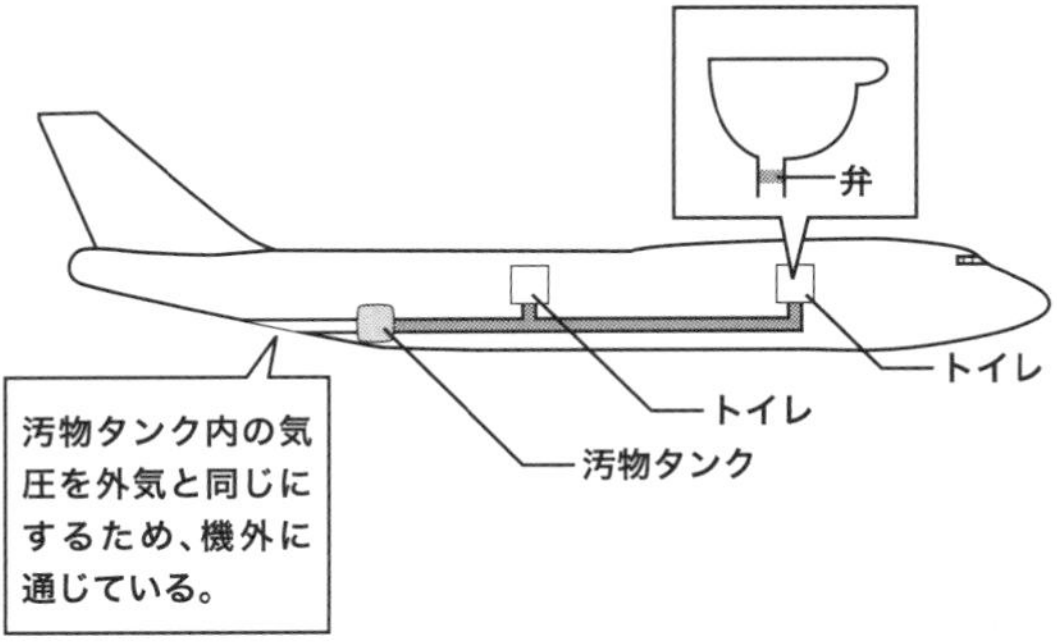

式ではトイレごとに汚物タンクがついているので抜き取り作業が大変で、しかもろ過用のフィルターに異物などがつまると大問題になるという欠点がある。

そこで近年では「バキューム式」が主流になりつつある。これは、機内と機外の気圧の差を利用したもの。

前述したように、高度1万メートルでは、機内は0・8気圧で、機外は0・2気圧である。トイレと汚物タンクを結ぶパイプは機外に通じていて、この気圧差を利用する。

空気は気圧が低いほうに流れるので、トイレと汚物タンクをつなぐパイプの気圧を下げておき、洗浄スイッチを押すとパイプが開いて汚物が気圧の低いタンクのほうへまっしぐらに流れていくしくみだ。掃除機でゴミを吸い込むようなイメージである。これなら汚物タンクは後方に1か所だけでいいので、抜き取り作業も簡単。汚物と一緒に周囲の空気を吸い込むので臭いもなく、より快適な空間になる。

トイレにも、飛行機ならではの工夫が隠されているのだ。

機内のトイレで並ばずにすむ“狙い目”の時間帯とは？

機内のトイレは、いつも混んでいると思っている人がいるが、そんなことはない。どの旅客機でも混む時間はだいたい決まっているものだ。そのときを避けさえすれば、わざわざ並んで順番待ちをする必要はない。

混む時間とは、離陸してシートベルト着用サインが消えたあと、食事のあと、そして着陸30分前というアナウンスのあとである。

たしかに、これらの時間はトイレに行きたくなる。しかも、旅客機のトイレでは、歯を磨いたり、顔を洗ったり、化粧直しをする人も多い。通常の公共のトイレなら洗面台の前で行なうことだが、旅客機だとなかなか座席ではできないので、トイレの中でする人が多いのである。

こんな時間にトイレに入ろうとしても、使用中のランプにがっかりするのは当たり前である。空くのを待っているうちにあれよあれよと列ができ、やむなくそこに並ぶ羽目になる。

狙い目は、食後酒のサービスが始まる前や、到着アナウンスの前である。別に行きたくなくてもその時間に行っておくと、あとでもよおしてあわててしまうという事態も避けられる。

また、混む時間でなくてもできれば避けたいのは、客室乗務員がワゴンサービスをしているときである。狭い通路でワゴンの横をすり抜けなくてはならず、客室乗務員の仕事の妨げになるし、ほかのお客に迷惑をかけかねない。用を足すのもスムーズに行なうのが、乗り慣れた人である。

なぜフライト中の機内はいつも乾燥しているのか？

海外旅行は気持ちよくスタートしたいものだが、飛行機の中で気分が悪くなることもある。その多くは気圧の変化と機内の乾燥による影響が大きい。とくに乾燥によって、喉が痛くなったり、風邪をひく人は多いようだ。

では、なぜ、飛行機の中は乾燥しているのだろう。これは、機内の温度を一定に保つために設置されたエアコンが原因だ。飛行機は、赤道直下を飛行したり、マイナス50度の上空を飛んだりするが、機内はつねに一定の温度に調節されている。

機内の温度は、高温の圧縮空気を一気に冷やしてエアコンから機内に送り込むことにより、快適に保たれている。この際、高温の空気が一気に冷やされるので、空気中の水分が水滴となり、放っておくとエアコン内部の錆《さび》の原因になったり、機体や電子部品に悪影響を与えてしまう。

そこで、水分除去装置によってエアコン内の水分をあらかじめ取り除いて機内に送り込んでいる。機内が乾燥するのは、エアコンや機体を腐食から守るために、空気中の水分を除去しているからなのだ。

だから、機内では水分をたくさん取ったほうがいい。水分補給が十分でないと、体内に血栓《けっせん》ができやすくなり、いわゆるエコノミークラス症候群の原因となるのだ。

そこで、こうした問題を解消したボーイング７８７が２０１１年から就航している。この機種は、血栓症発症を防ぐために、より地上に近い気圧環境や湿度を保つことを可能にした。機内に加湿器を搭載することもできるという。これは、軽くて強く、疲労や腐食しにくい複合材料を機体に使用しているからである。最先端の技術が、空の旅をますます楽しく快適にしてくれるのだ。

融通が利かないと思っていた機内食に特別メニューがあるってホント?

国際線の長時間のフライトでは、機内食が1、2回は出る。エコノミークラスでは味は期待できないし、肉料理などは脂っぽかったり味付けが濃かったりするので、座りっぱなしの胃には少々重い、という人もなかにはいるだろう。

そんな人には、特別メニューがおすすめだ。どの航空会社も特別メニューを何種類か用意しているので、そこから選ぶことができる。

特別メニューを頼むには、出発の24時間前までに航空券の予約受付に申し込めばいい(一部の食材は72時間前)。旅行会社で予約した場合や、パックツアーの場合は、旅行会社に申し込む。特別メニューの種類はエアラインによって異なるので、予約をするときに聞いておくといいだろう。

各社とも、用意している特別メニューは、宗教上の問題、健康上の理由、菜食主義者、赤ちゃん、子どもなどに配慮したものだ。

宗教上の問題を配慮した食事では、豚肉を口にしないイスラム教徒のためのイスラム教徒食、牛肉がタブーのヒンズー教徒食、ユダヤの掟《おきて》によって調理、祈禱《きとう》され、封印して搭載されるユダヤ教徒食がある。菜食主義の人のためには、主義の違いも考慮して卵と乳製品が入っているベジタリアンミールと、卵・乳製品も入っていないピュアベジタリアンミールが用意されている。

健康上の理由を配慮したメニューには、糖尿病食、低コレステロール・低脂肪食、低カロリー食、低塩食、アレルギー対応食などがあり、じつに細やかな心配りがされている。

赤ちゃんには粉ミルクや離乳食のベビーミール、12歳未満の子どもにはハンバーグ、コロッケ、パスタ、フライドチキンなどのチャイルドミールが用意されている。まさに至れり尽くせりのメニュー。ほかの機内食が配られる前にサービスされるので、待たされることもないし、味もいいと評判だ。一度注文してみてはいかがだろうか。

機内で発砲事件発生！
機体に穴が開いたら墜落する？

　これまで、テロによる飛行機の爆破や、領空警護の戦闘機による攻撃で民間機が爆破、墜落する事故がいくつも起きているが、もし、テロリストが機内で発砲して機体に穴が開いたら、飛行機はすぐに墜落してしまうのだろうか。

　前述したとおり、高度約1万メートルを飛行している飛行機の外側の気圧は約0・2気圧、機内は0・8気圧に与圧されているので、このとき飛行機の機体の内側には、1平方メートルにつき6トンもの圧力がかかっている。

　万が一、機体に穴が開いたら、機内の気圧はいっぺんに下がり、すぐに墜落すると考えられるが、実際は墜落せずに緊急着陸できた例がある。

　1988年4月28日、ハワイ・アロハ航空のボーイング737がマウイ島上空を飛行中、コックピット後部客席の天井が突然吹き飛ぶという事故が起きた。客室乗務員1名が機外に吸いだされて行方不明になり、乗客65人が重軽傷を負ったが、操縦系統の一部が無事だったため、墜落せずに緊急着陸することができた。

◆セミモノコック構造の胴体

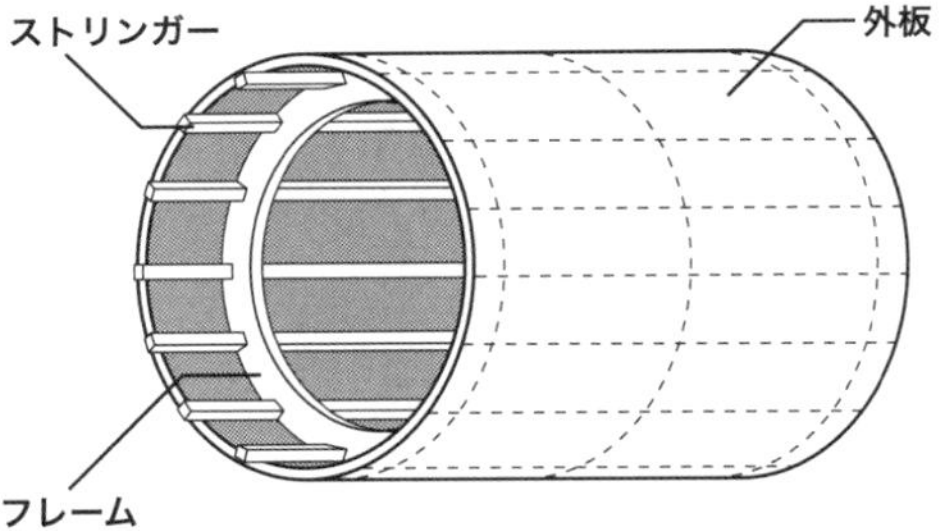

また、1994年12月11日、フィリピン航空のボーイング747は、南大東島上空を飛行中に座席の下に仕掛けられていた爆発物が炸裂、床に0・2平方メートルの穴が開いたが、那覇空港に無事緊急着陸できた。

なぜこれらのケースで旅客機は墜落しなかったかというと、それは胴体の構造に関係がある。

旅客機の胴体はセミモノコック構造という縦横に走る骨組みに外板を張った構造になっていて、外板に亀裂などが生じても広がらないよう、隣接する骨組みでもちこたえるようにつくられている。

このように、一部の破損がすぐに致命

的な影響には至らないような構造を「フェイルセーフ構造」という。

そのおかげで、飛行中に発砲事件が起きて機体に穴が開いても、しばらくは飛行を続けることができるので、必ずしもすぐに墜落するわけではない。とはいえ、穴から空気が漏れて機内は減圧し続けるので、緊急着陸しなければならないのはいうまでもない。

墜落時に助かる可能性がもっとも高い座席はどこだ？

何度飛行機に乗っても、乱気流などで機体が揺れると、つい墜ちたりしないだろうかと心配になってしまうものだ。76ページで詳しく述べるが、旅客機に乗って事故に遭遇する確率は、自動車事故に遭遇する確率よりもはるかに低いといわれている。

とはいえ、可能性はゼロではないし、いったん飛行機事故が起これば、死者が出る可能性は高い。万が一、墜落事故に遭遇してしまった場合のことを考えると、墜落時に助かる可能性が高い座席があれば、誰もがその座席をとりたいと思うはずだ。

アメリカのポピュラー・メカニックス誌では、過去25年間、合計20件の旅客機事故を調査し、座席の位置による生存率を割り出した。

それによると、機体前部にあるファーストクラスの生存率は49％、中間のビジネスクラスは56％、後部のエコノミークラスは69％だという。つまり、旅客機の座席は、機体前部にあるファーストクラスよりも、後部にあるエコノミーのほうが安全だということになる。

もちろんボーイング社や米連邦航空局などでは、座席の位置によって生存率に差が出ることはないと説明している。

だが、１９８５年、日航ジャンボ１２３便が群馬県の高天原山《たかまがはらやま》（一般に御巣鷹山《おすたかやま》といわれているが、厳密にはその南方の高天原山とされている）に墜落し、死者５２０人という過去最大の大惨事となった事故では、奇跡的に救出された女性４人は、みな後部座席に座っていた。そのため、後部座席のほうが助かる可能性が高いという考えが広まったようだ。

また、ボイスレコーダーやフライトレコーダーを納めたブラックボックスは、事故のときに衝撃が小さい客室後部に設置されている。

たしかに、機首から墜落した場合は、後部のほうが衝撃が小さいといえる。とはいえ、実際に起きている事故は、尾翼から墜落したり、空中で爆発したり、海中に墜落したりとさまざまなケースがある。どの座席がもっとも安全かは、一概にはいえないというのが正しいようだ。

客室乗務員と仲よくなれる“特別席”がある!?

エコノミークラスで海外へ向かうロングフライトでは、座席の選び方によって快適度がまったく違ってくるもの。最近は予約時に座席を指定できるので、予約とともに、希望する座席を選んでいる人も少なくない。団体旅行やパックツアーでは無理だが、個人で予約する場合は、ネットでも座席指定ができる。

どの席がベストかは人それぞれ違うが、まずは窓側の席か通路側の席かで好みが分かれるところだ。もっとも人気が高いのは、各客室のセクションの最後部、非常口の横の座席で、「イグジットロウ」と呼ばれる。すぐ前に座席がないため、エコノミーでもゆったりと足を伸ばすことができる。

人気の理由はそれだけではない。というのも、この席は離着陸時に客室乗務員が座るジャンプシートの向かい側になるのだ。

乗務員も離着陸時には、ギャレー横やドアの横などにある折りたたみのジャンプシートに座る。各客室のセクションの最後部にもジャンプシートがあり、ここではスペースの関係で乗務員は後ろ向きに座る。そのため乗客と対面することになる。離着陸時だけだが、乗務員と言葉を交わすチャンスもあるので、もしかしたら、乗務員とお近づきになれるかもしれない……。

ただし残念なことに、この席は事前予約ができない場合が多い。当日、空港のカウンターで、空いていれば取ることができる。この席は非常口の横にあるので、緊急脱出時には脱出シュートを支える役などの協力を求められる。そのため、子どもや高齢者は不可で、英語が多少できるといった条件が求められるからだという。

また、ワイドボディ機（通路が2つある大型機）では映画などのスクリーン前も足もとが広いので人気だが、この席はバシネットというベビーベッドをセットする場所なので、乳幼児を連れた乗客が優先される。たとえ座れても、隣にはベビーベッドが……という可能性もある。

調子に乗らないほうがいい フライト中の飲酒

国際線では機内でワインなどのアルコールを無料で飲める。このサービスが楽しみだという人もいるが、だからといって飲みすぎは禁物である。

機内の気圧は地上よりも低くなっているため、脳に対するアルコールの効果を増大させる。そのため、地上よりもずっと酔いが早く回ってしまうのである。少ししか飲んでいないはずなのに、なぜか悪酔いしたという経験のある人もいるだろう。

機内では地上の1・5倍の量を飲んでいると思って、いつもより飲む量をセーブしたほうがいい。無料だからといって、ついいつもよりたくさん飲んでしまうという人は注意が必要だ。

また、ありがちなのは、飛行機に乗る前日まで準備に追われて睡眠不足、当日はあわてて家を飛び出したため朝食もとっていないというパターン。こんなときには、酔いやすいだけでなく、フライト中の機内は気圧が低いため、気分が悪くなったり貧血を起こしやすい。飲みすぎは脱水症状も起こしやすく、いわゆるエコノミークラス症候群を招きかねないので要注意である。

なかには、飛行機が苦手な人が恐怖を紛らわそうと、飛び立ってすぐにアルコールを飲みだすことがあるが、これは逆効果である。必要以上にアドレナリンの分泌を促して、かえって恐怖心が高まってしまう場合もある。飲むなら、機内で落ち着いた頃に、リラックスできる程度が好ましい。

ちなみに客室乗務員は、アルコールがらみのトラブルに備えて、各乗客がどれくらいのアルコールを飲んだか把握しているという。たとえば、気分が悪くなった乗客がいた場合は、「このお客様は、ワインを３杯召し上がりました」などと、たちどころに答えられるらしい。客室乗務員は、そんな細かなところまで乗客をケアしているのである。

なぜ離着陸のとき耳が痛くなるのか?

飛行機が離着陸するとき、耳が詰まったような感じになったり、痛くなることがある。列車でトンネルを通るときや高い山に登ったときにも、同じような経験があるだろう。これは、気圧の変化によって、鼓膜がへこんだりするために起こる症状である。

鼓膜の内側には、中耳腔《ちゅうじこう》という小さな部屋があり、耳管《じかん》によって喉頭《こうとう》につながっている。耳管が開放されると、外部の気圧と中耳腔の気圧が一定に保たれる。ところが、離着陸のような急激な気圧の変化があると、耳管が閉じたままになってしまうのだ。

そのような場合は、ツバを飲み込んだりあくびをするといい。耳管が一時的に開放されるので、空気が中耳腔に送られ、鼓膜の外と内が同じ気圧となり、へこんでいる鼓膜を正常に戻すことができる。

ところが、喉頭に炎症を起こしている場合には、耳管周辺の粘膜《ねんまく》が腫《は》れて、耳管が詰まった状態になる。こうなると、あくびくらいでは鼓膜が正常に戻らなくなる。

これは航空性中耳炎といって、重症になると激しい耳の痛みや耳鳴りがしたり鼓膜が破れたりする。やっと現地に着いても、その後の飛行機での移動を制限されるケースもある。

鼻や喉頭に炎症を起こす最大の原因は、風邪や花粉症などのアレルギー性鼻炎である。そういうときは、なるべく飛行機に乗らないようにするべきだが、旅行や出張をキャンセルできない場合は、ちょっとした工夫で自衛することだ。

アメをなめたり、ガムをかんだり、水を一気にゴクンと飲むと、耳管に空気が通りやすくなる。

また、バルサルバ法といって、スキューバダイビングなどで行なわれる、いわゆる〝耳抜き〟をしたり、首を左右に、あごを上下に大きく動かすのも効果がある。点鼻薬を鼻に噴霧すると、なおいい。

そして、眠っているとツバを飲む回数が極端に減ってしまうので、着陸前には目を覚ましておくのが航空性中耳炎から身を守るコツである。

4……エコノミークラス症候群は、ファーストクラスでも起こる!

「ロングフライト血栓症」。何やら聞きなれない言葉だが、以前の名称を「エコノミークラス症候群」といえばおわかりだろうか。

これは長い時間、足を動かさず座り続けると起こる症状で、重症の場合は、死に至ってしまう場合もある。

当初は座席スペースの狭いエコノミークラスの乗客に多く見られたため「エコノミークラス症候群」と呼ばれていた。ただし今では、ビジネス、ファーストクラスなど、座席のスペースに関係なく起こることがわかり「ロングフライト血栓症」と呼ばれている。

その原因は長時間、同じ姿勢で座り続けるため、ひざ裏の静脈の血液が流れにくくなり、血の塊ができてしまうためだ。この状態で席を立つと血の塊が心臓や肺に移動して、呼吸困難などを引き起こす原因になる。

なお、この病気の症状は忘れた頃にやってくる場合がある。フライトから数日たって倒れたりする人もいるので気をつけたい。目安はフライト後1週間まで。その間に足のむくみなどを感じたら、この病気を疑って病院に行くのがおすすめだ。

予防策としては、ゆったりとした服を着ることと搭乗前に軽めに食事をすること。また、フライト中は空気が乾燥している。そのためじっと座っていても体内の水分が放出されるので、こまめに水分補給をして、手足を動かすなど適度に運動するといい。とくに日本からアメリカやヨーロッパに行くときなど6時間以上のフライトのときには要注意だ。

また、もちろん飛行機のフライトだけにかぎった病気ではない。それ以外にも起こる病気のため、医学的には「肺血栓塞栓《はいけっせんそくせん》症」とも呼ばれる。

旅客機のエアコンがもつ空調だけではない重要な役目

飛行機にももちろんエアコンが装備されていて、胴体の中央や前部の下側に2～3台のエアコン本体が収められている。しかし、地上でふだんわれわれが使っているエアコンは冷暖房がおもな役目だが、飛行機のエアコンにはもっと重要な役目があるのだ。

上空は気圧が低いため、機内の気圧を調節しないと乗客は酸欠状態になってしまう。人間は、高度1万メートルの0・2気圧では1~2分で酸欠になり、意識を失ってしまうといわれる。これを防ぐためにエアコンが使われているのだ。

エンジンから入った空気は圧縮器で圧縮されて高温高圧の状態にされる。この圧縮空気は、200度以上という高温なので、胴体下部にあるエアコン本体に入り、エアコンの中にあるエアサイクルマシンという機械によってつくられた冷たい空気と混ぜられ、適温に調整される。

このエアコン本体でつくられた空気は、ライザーダクトというパイプを通って飛行機の天井に送られ、次にディストリビューションダクトというパイプを通って客室へと送られている。

このシステムによって、機内の空気は人が呼吸できる状態に調節され、酸欠状態になるのを防いでいるのだ。

気温は、高度が100メートル上がると0・6度下がる。地上の気温が15度のとき、高度1万メートルの上空の気温はマイナス50度にもなっている。これでは乗客は凍死してしまうので、機内の温度はエアコンによって調節されて、快適な温度が保たれているのだ。

では、マイナス50度の中を飛んでいるときに、このエアコンが壊れたら、機内も一気にマイナス50度になるのか。

たとえエアコンが壊れても、最低でも5度には保たれる機能があるので、命には問題ないとされている。

ビジネスクラスのシートが進化し続けるワケとは？

近年、航空業界ではビジネスクラスの座席が変わりつつある。

ビジネスクラスの進化が始まったのは２０００年頃。ブリティッシュ・エアウェイズがビジネスクラスにはじめてフルフラット型リクライニングシートを導入したのが始まりである。今では、シートを倒せば成人１人がゆったり横になれるフルフラットタイプ（完全水平）は当たり前となっている。

しかし、さらに進化は続いている。それはシートの配置だ。

ビジネスクラスは2本の通路に2席ずつを3列、計6席を並べる「2-2-2」の配置が主流だった。しかし「1-2-1」の4席とする贅沢な配置が登場。これによりプライバシーが守られるうえ全席が通路に面するため、トイレに立つ際も隣の乗客を気遣う必要がなくなった。

ただ、これだと設置できるシート数が減ってしまうというデメリットがある。

そこで生まれたのが進行方向に対しシートを斜めに並べる「ヘリンボーン型」である。斜めにすることで1席当たりの縦幅が小さくなり、結果、全体の座席数を増やしている。上から見ると魚の骨（ヘリンボーン）のように見えるところからの命名だ。2011年から採用されたデルタ航空とキャセイパシフィック航空のシートは、窓側の席は顔を窓に向けるかたちで、中央の2席は通路を背中に向かい合わせる形で配置されている。

もうひとつは、JALやANAなどが2010年頃から採用している「スタッガード型」配列である。スタッガードとは互い違いという意味である。つまり、前後

◆ビジネスクラスシートの種類

前向き４席配置

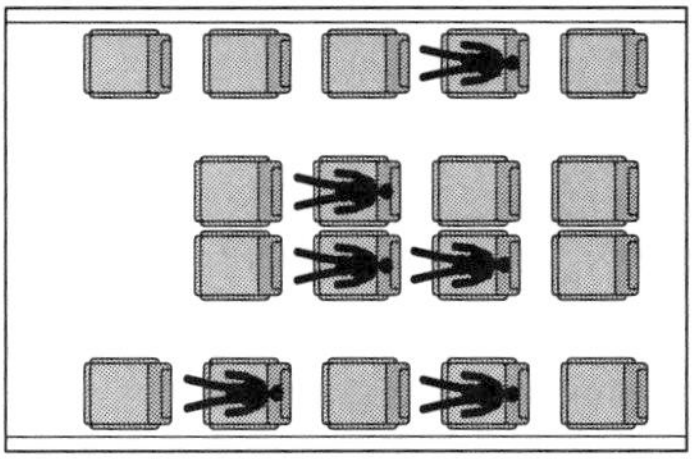

「全席が通路側」を実現するために誕生した配置。乗客はゆったりできるというメリットがあるが、反面、航空会社にとっては、座席数が減ってしまうというデメリットがある。

ヘリンボーン型配置

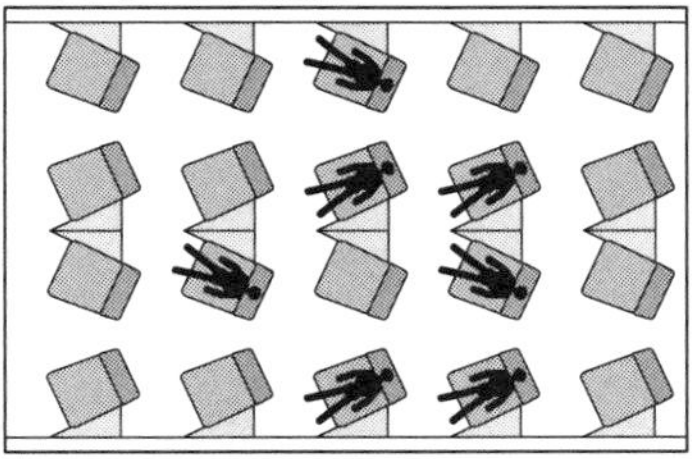

全席が通路側を実現しながら、座席数を確保するために考え出されたのが、この独特な配置。もともとは2004年頃に登場したアイデアで、その後、改良を重ねて現在の形になった。

スタッガード型配置

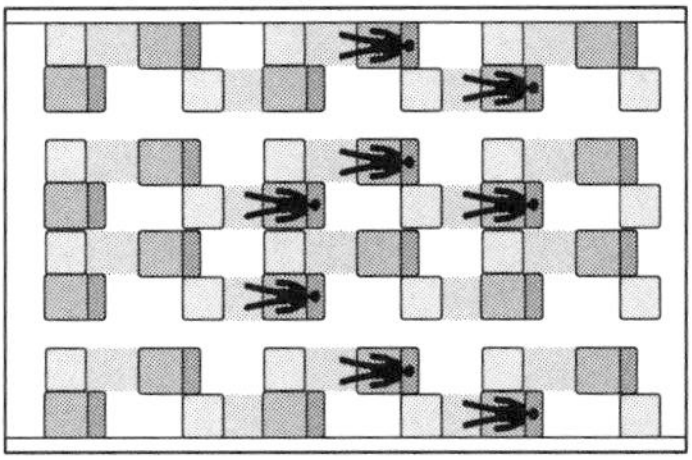

ヘリンボーン型配置同様、座席数の確保と乗客の満足度を追求した配置。背もたれを倒したとき、前の座席のサイドテーブルの下に、足が入り込む設計になっている。

で座席を半分ずつずらしてジグザグに配置し、プライベート空間を確保しようというものだ。

こうした流れは、ファーストクラスとのサービスの格差がなくなることにつながり、結果、ファーストクラスを廃止するエアラインも出てくるようになったほどである。

航空各社がビジネスクラスの快適性に力を入れる理由は、収益の大半をこのクラスから得ているという事実があるからだ。

機内の台所〝ギャレー〟なんとその4割は日本製

国際線の旅客機で機内食が配られたとき、ふと、こんな疑問を抱いたことはないだろうか。メインディッシュの肉や魚は温められているのに、サラダやデザートはきちんと冷たく調理されている。狭い機内のいったいどこで調理しているのだろうか。

◆ギャレーの内部

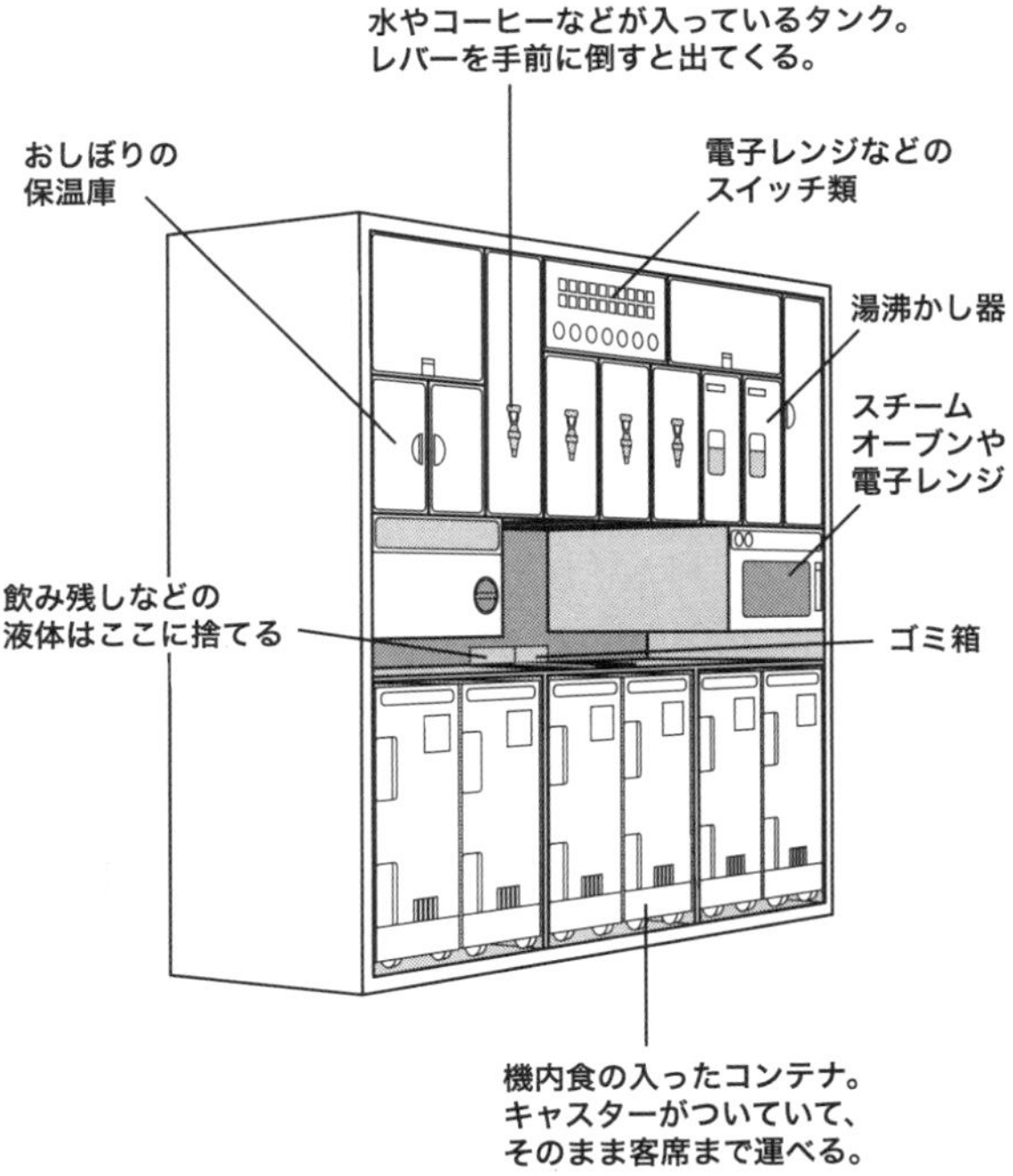
水やコーヒーなどが入っているタンク。
レバーを手前に倒すと出てくる。
おしぼりの
保温庫
電子レンジなどの
スイッチ類
湯沸かし器
スチーム
オーブンや
電子レンジ
飲み残しなどの
液体はここに捨てる
ゴミ箱
機内食の入ったコンテナ。
キャスターがついていて、
そのまま客席まで運べる。

食事や飲み物は「ギャレー」と呼ばれる機内の調理室で準備される。ここには調理台、スチームオーブン、電子レンジ、コーヒーメーカー、湯沸かし器、貯蔵庫などが設置されている。

国際線の場合、各種飲み物と1・5～2食ほどの機内食が必要で、約300人乗りの大型旅客機では、ギャレーは6か所に、国内線では機内食がないためギャレーも小型で4か所ほどに設置される。

ここに、食事や飲み物を配るための車輪付きカートも収納されている。機内食のメインディッシュだけが温められていて、サラダやデザートが冷たいのはなぜか、という疑問だが、ギャレーは調理室とはいえ、機内で火を使うわけにいかない。そこで、カートにセットしたメインディッシュだけを加熱し、ほかの部分は冷えたままにできるという機能がカートには備えられている。カート内には加熱板があり、温めたい食材をそこにあたる場所に配置するようになっているのだ。

さらにギャレーは、コンパクトで機能性に優れていることが求められる。機内の狭いスペースで乗務員が効率よく使える機能、デザイン、耐久性を備え、しかも軽量であることが絶対条件だ。

この難題を抱えたギャレーは専門のメーカーによって製造されているが、じつは日本のメーカーが世界を席捲している。日本のジャムコという会社が、中大型機のギャレーの世界シェア約40％を占め、絶大な評価を得ているのだ。

２０１５年には、ボーイング社から優れた搭載機器製作会社に贈られる「ボーイング・サプライヤー・オブ・ザ・イヤー」も受賞している。日本の技術が世界の空を制覇しているのである。

えっ、禁煙じゃないの!? 機内に灰皿があるワケ

どこもかしこも禁煙化が推進される昨今、愛煙家にとっては、肩身の狭い時代が到来したといえるだろう。この流れに航空会社も抗うことはできず、「機内はすべて禁煙」としている。

かつては世界の航空会社が機内での喫煙を認めていたが、１９８０年代に入った頃から禁煙化の流れが生まれた。日本では１９９９年にＡＮＡとＪＡＬが全面禁煙

に踏み切ると、他社もこれに追随し、2000年代初頭までに「機内は禁煙」が常識となっていく。

そして2020年には、国土交通省が飛行機内の「トイレ」の禁煙対象として、従来の紙巻きたばこに加え、加熱式と電子式のたばこが含まれると明記。飛行機内の禁煙がますます徹底された。

ところが、こうした風潮にもかかわらず、機内トイレには灰皿が置いてある。これを見ると、たばこを吸うのを黙認しているのかと勘違いする人もいるかもしれない。

灰皿がついていようと、機内トイレは喫煙NG。隠れて喫煙すれば、煙の感知器が作動する。最悪の場合、緊急着陸となり、高い罰金を科されることになるだろう。

それなら、機内トイレに灰皿が置かれているのはなぜなのだろうか。

その理由は、航空法で「灰皿を置くこと」が定められているからにほかならない。つまり、灰皿を置くことは飛行機の義務なのである。

機内で吸う人がいてはならないはずだが、現実的には機内トイレで隠れてたばこを吸う客はゼロではない。

その不届き者たちが「吸い殻を捨てる場所がないから」と、ゴミ箱にポイ捨てでもしたら火事になりかねない。便器に流したとしても、機内トイレはバキューム式で水が出ないため、火が消えるとは限らない。

実際、飛行機の火災の出火場所はトイレが多いという。逃げ場のない飛行機で火災が起きれば大惨事を引き起こすことになる。だから現実問題として、火事は何が何でも避けなければならない。

そこで背に腹は代えられないとばかりに、「たばこを吸ってしまったらここに捨ててほしい……」という意味で灰皿を置いているのである。

灰皿を置いているからといって、決してたばこを隠れて吸うのを黙認しているわけではない。あくまでも機内は禁煙。灰皿を見ても勘違いしてはいけないのである。

スマホを機内モードにしなければいけない理由とは？

現代の日常生活に欠かせないアイテムといえば、スマートフォンや携帯電話、タブレットなどのモバイル端末が真っ先に思い浮かぶ。電話をしたり、メールをしたり、わからないことを調べたり……。プライベートでも仕事でもモバイル端末が使えないと困ってしまうが、飛行機で使う際にはいくつかの制限が課せられる。

歴史をさかのぼると、かつては機内でのスマホや携帯の使用は完全に禁止されていた。飛行機は管制塔との通信や衛星から届く電波などで飛行中の位置を知り、目印のない空を目的地に向かって飛んでいくが、スマホなどから発せられる電波が通信の邪魔をすれば（電波干渉）、正常な運航ができなくなってしまう恐れがある。そこで国土交通省は、２００７年に飛行機内で電波を発する電子機器の使用を禁止したのだ。

しかしその後、電波干渉の影響が少ないことが明らかになったこともあり、２０

１４年に規制緩和がなされる。その結果、モバイル端末が機内で常時使用できるようになったのである。

ただし、無条件で使用できるわけではない。たとえばスマホや携帯電話など通信機能を備えた機器の場合、飛行機外に無線通信を発しない機内モード（オフラインモード、フライトモードなど）にしておく必要がある。

機内モードにすると、データ通信やＷｉ－Ｆｉ、ＧＰＳ機能、ブルートゥース機能などは使えなくなる。つまりインターネットの検索、メールの送受信、通話、オンラインゲームといった機能が利用できない。それでも電源を切っているわけではないので、ダウンロードした動画や音楽を視聴したり、カメラで写真を撮ったり、オンラインでないゲームをプレイしたりはできる。

さらに最近では、機内でのＷｉ－Ｆｉサービスを提供している航空会社もある。機内モードをオンにしたままＷｉ－Ｆｉにつなげば、インターネットの検索やメールの送受信、動画視聴などができるし、ブルートゥースにつなげばワイヤレス機器も利用可能だ。

ＬＩＮＥやＳｋｙｐｅなどの音声通話も理論上は利用できるが、スマホや携帯電話での通話と併せて基本的に禁止されている。
なんにせよ、航空会社の指示に従って使用することだ。

第2章

フライト

上空1万メートルで気づいた素朴な疑問

時速900キロで飛ぶ飛行機
どうやってスピードを
測っている?

空には飛行機専用の道がある！

空には地上の道路のように道がない。だからといって旅客機は好き勝手なコースを飛んでいるわけではない。決められた航空路に沿って飛んでいる。

航空路は幅8キロメートル、高さ300メートル以上の一定の高度と間隔を保つことが世界共通で義務付けられているのだ。

対向する旅客機同士は2万9000フィートまでは1000フィート（約300メートル）の高度差、それ以上の高度では2000フィート（約600メートル）の高度差を保つように設定されている。航空路はいわば立体交差になっていると考えていい。

では航空路はどうやって設定されるのだろうか。

航空路はおもにVOR（超短波全方向式無線標識）という無線施設を結んだ道でできている。パイロットはVORから出される電波によって、旅客機の現在位置と進路を知ることができるのだ。

◆飛行機が通るための空の道

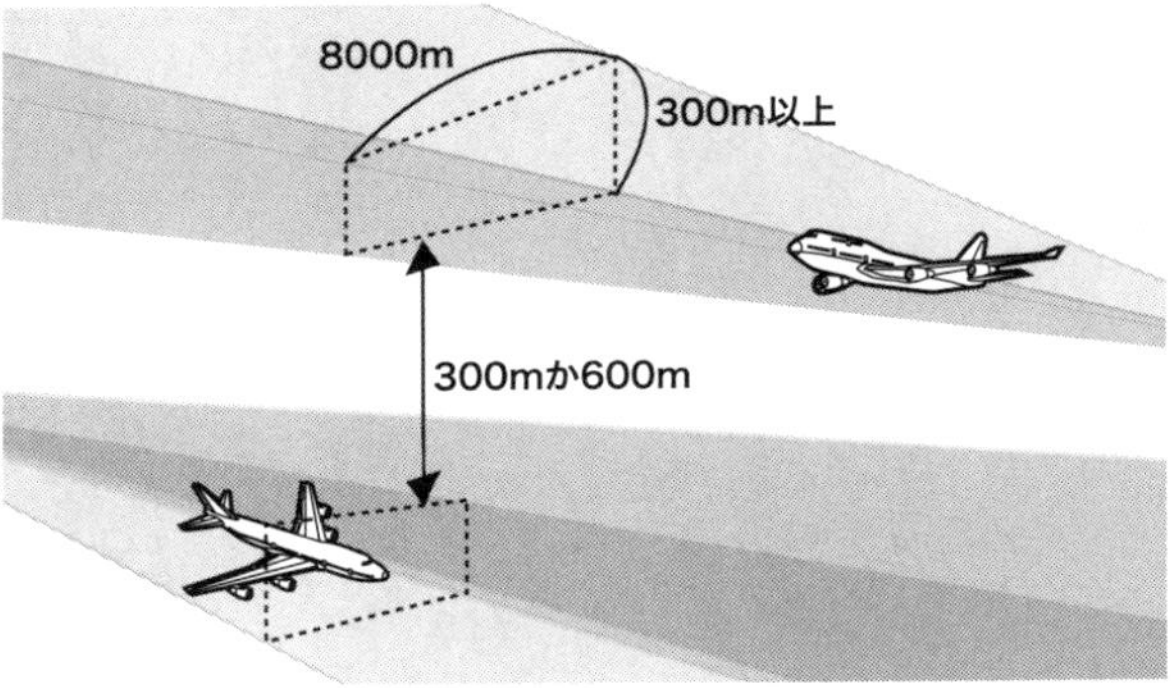

ＶＯＲが結ぶ航空路は全幅14・８キロメートルの幅をもつ。これはビクター航空路と呼ばれている。

洋上飛行の国際航空路の場合は、ＶＯＲの使用が限定されることもあり、より幅広い航空路をとっている。全幅90キロメートルや１８０キロメートルなどのものもある。

ところで航空路も地上の道路と同じように、東名自動車道や国道２号線といったそれぞれ名前がついている。

たとえば、国際航空路の場合はＡ（alfaと読む。以下も同じ）、Ｂ（bravo）、Ｇ（golf）、Ｒ（romeo）のどれか１字と３桁の記号を組み合わせる。

国内航空路はV（victor）、W（whisky）のいずれかと数字を組み合わせてつくる。目には見えないが、私たちの上空には多くの道が張り巡らされているのである。

目印のない空の上で飛行機はなぜ迷子にならないのか？

前項目にあるように、空中にも道（航空路）があることはわかったが、なにか目印があるわけではない。ならば飛行中、パイロットは何もない上空で、どのように自分の位置を知り、飛行しているのか、新たな疑問がわいてくる。

飛行機の航法は、飛行機の歴史とともに大きく進歩してきたといっていい。現在では、無線航法と自立航法と呼ばれる航法が中心である。

無線航法とは、地上に設置した無線施設の電波を利用して自機の位置を知る方法。2つの無線施設の発した信号から現在位置を割り出す、いわば「電波の灯台」を頼りに飛行する方法である。

だが、無線方式は電波が届かないところでは役に立たない。それに出発地と目的地を直線で結ぶ最短距離に、すべての無線施設を設置できるわけではない。そのため飛行経路はジグザグになってしまい、飛行時間や燃料にどうしてもロスが多くなるというデメリットがある。

そこで登場してきたのが、飛行機に備えられたコンピュータで位置を把握する自立航法だ。なかでも、カーナビでおなじみのＧＰＳ（全地球測位システム）を使った広域航法（ＲＮＡＶ）が急速に普及してきている。

これは飛行機に搭載されたコンピュータとＧＰＳを併用して自機の位置を割り出す航法で、人工衛星の電波を使うため、世界中どこを飛んでいても利用できる利点がある。

また、出発地と目的地をほぼ直線で結ぶことができるため、ジグザグに飛ばざるを得なかった無線航法より飛行距離を短くでき、飛行時間短縮と燃料消費を抑えられるというメリットがある。

さらに、このＲＮＡＶによる航法では、経路の混雑緩和や複線化も図ることが可能になり、ますます空の道も便利になってきている。

長距離移動の悩みのタネ〝時差ボケ〟を防ぐ方法とは?

海外旅行で、多くの人を悩ませるのが時差ボケだろう。これは、5時間以上の時差がある距離を、ジェット機などの高速機で移動したときに起きる体の不調のことで、そのため「ジェット・ラグ」ともいわれる。

これにより、不眠、眠気、倦怠感《けんたいかん》、食欲不振、イライラなどの症状が出る。ときには、ひどい吐き気や頭痛で、せっかくの旅行が楽しめなくなる。調査によれば、パイロット、キャビンアテンダントら国際線の乗務員の8割以上が時差ボケを感じるという。

そもそも時差ボケはなぜ起きるのか。

人間の体内の器官や睡眠、体温、ホルモンなどの活動は規則正しいリズム(体内時計)で動いている。ところが、急激に時差を飛び越えると、ふだんの体内時計のリズムが乱れるために起こる。とくに、日付変更線を超える日本からアメリカなど東へ向かうフライトの場合に症状が重くなる。

逆に日本からヨーロッパなど西へ向かって時計を遅らせる場合は体が適応しやすく、症状も軽いという。時計を進ませるより、遅らせるほうが体のリズムは適応しやすいのだ。

では、時差ボケを防ぐにはどうしたらいいだろうか。

まず、出発前の対策としては、１週間くらい前から生活時間を変化させ、徐々に現地の時間に近づけるようにする。

機内では、目的地の時間に合わせて睡眠をとるようにして、前もって体のリズムを現地の時間に合わせる。

現地では、「光療法」を実践するのも手だ。

夜に着いたら、現地の時間に合わせて眠るようにする。眠れないときは、適量のアルコールの力を借りてもいい。

朝着いたときに眠かったら、３時間ほど睡眠をとり、それ以上は眠らず屋外で太陽の光を浴びる。昼に到着したら、寝るのは夜まで我慢して屋外で太陽の光を浴びる。この太陽を浴びる方法が「光療法」だ。強い光や日光は、体内時計を調整する効果があるため、時差ボケを解消してくれるのである。

東から西に向かう便と西から東に向かう便 どっちが速い？

たとえば、時刻表で成田～ロサンゼルス間のフライト時間を見るとあることに気がつく。成田からロサンゼルスへ飛ぶほうが、ロサンゼルスから成田へ飛ぶよりも1時間ほど短いはずだ。

じつはこれは、偏西風の影響である。飛行機は離着陸時には向かい風を必要とするが、フライト中は、追い風を受ければスピードが上がる。

そのため、同じ航路を往復する飛行機でも、東から西に向かう便より西から東に向かうときのほうが、目的地に短い時間で着く。これは、上空につねに吹いている偏西風の影響を受けるためである。

偏西風とは、地球が自転することによって発生している風で、西から東へと強い力で吹いている。飛行機ばかりでなく、海をゆく帆船もこの影響を強く受けている。

ジェット・ストリームと呼ばれる偏西風の一種は、北緯30～50度あたりの対流圏上層または成層圏下層に見られる。中心部では時速200～400キロメートルも

◆偏西風の影響を受ける飛行機

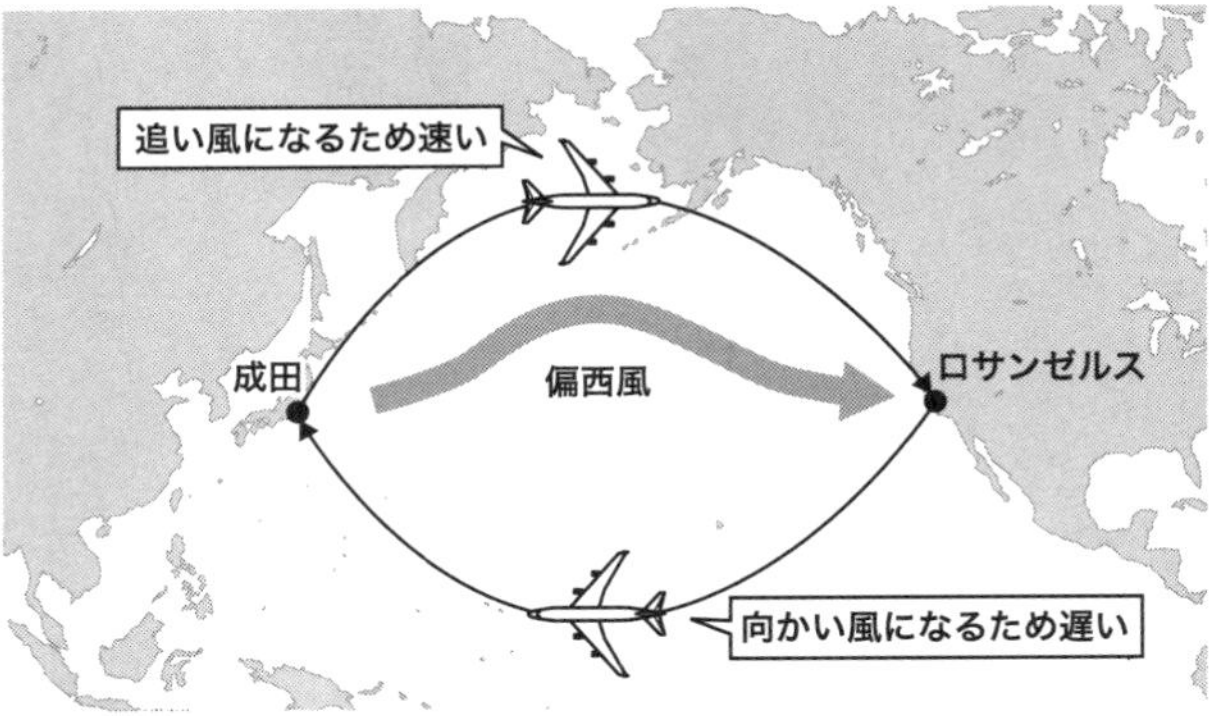

の強い西風が吹いており、その高度は１万メートル前後と、ちょうど旅客機の巡航高度と同じ。

だから飛行機の航路は、できるだけ偏西風が追い風になるように設定されている。それでも、希望する飛行高度にほかの飛行機が多かったりすると、向かい風の影響を受けやすい低い高度を飛ばなければならない場合もある。

とくに冬には季節風の影響も加わり、さらに強い風になることがある。かつて、アメリカから成田に向かった飛行機が、向かい風のために時間がかかりすぎて燃料不足になり、急遽、千歳《ちとせ》空港に着陸して燃料補給するというケースがあったほどである。

偏西風が吹くのは、つねに西から東。そのため、成田～シドニー間のような南北を結ぶ路線には影響がなく、往路も復路も速度はほとんど同じである。

上空を飛ぶ飛行機に雷が落ちることはあるのか？

飛行機は空を飛ぶので、もし近くで雷が落ちたら、機体を直撃することもあるのだろうか。じつは、飛行中の飛行機に落雷することはある。とはいえ、飛行機は被雷しないように、また被雷しても被害を最小限に抑えるための対策をきちんと立てている。

まず金属自体が電気を外部に放出する作用を持っている。胴体は金属ボディのため、機内の乗客は、保護されていて安全だ。

ただし、乗客は守られても、被雷によって飛行機が破損して落ちては意味がない。そのため雷自体に遭わない対策も講じられている。

雷を避けるために活躍するのが飛行機の先端に取り付けられた気象レーダーだ。これは、進路方向に雷雲がないかどうかを電波の反射を使って確認し、反射した電波の強さをあらわす装置である。この気象レーダーにより、飛行機は雷雲をよけて通ることができるのだ。

もうひとつ、被雷をできるだけ避けるために備えられているのが静電放電装置である。

そもそも雷とは空気や水分が摩擦することで起こる。また飛行機も大気との摩擦で静電気が生じている。これが大きくなると被雷しやすくなり、通信装置にも影響をおよぼしてしまう。そこで避雷に活躍するのが「スタティック・ディスチャージャー」と呼ばれる静電気を放出する装置だ。

これは太さ約1センチメートルの棒状のもので、主翼と尾翼に30本前後取り付けられていて、徐々に静電気を放出していくのだ。また、避雷針の役割も果たし、被雷した場合も危険を抑えてくれる。

とはいえ、飛行機にとってやはり雷は恐ろしい。２００５年には、九州の上空で旅客機が被雷している。飛行には影響を与えなかったが、翼の表面は傷を受けていたという。被雷した場合は、アンテナや通信装置などを入念に点検し安全を確認するが、やはり雷雲に遭遇したくないというのが正直なところだろう。

時速900キロで飛ぶ飛行機 どうやってスピードを測っているのか?

新幹線では最高時速320キロメートルを出す車両が登場している。だが飛行機は断トツに速く、なかには時速900キロメートル以上出すことのできる機種もある。

自動車であれ電車であれ、地上を走る乗り物は車輪の回転数で速度を測るが、では、空を飛ぶ飛行機の速度は、空中でどうやって測っているのだろうか。

その計測をする装置が、飛行機の機首にとりつけられたL字形をしたピトー管だ。ピトー管は胴体前方の周辺に針のように飛び出してとりつけられている。ピトー管の先には穴が開いており、ここで飛行機の進行方向正面からくる空気の圧力(動圧)と、その横を通り過ぎる周囲の空気の圧力(静圧)の差を測定し、速度に換算

◆ピトー管のしくみ

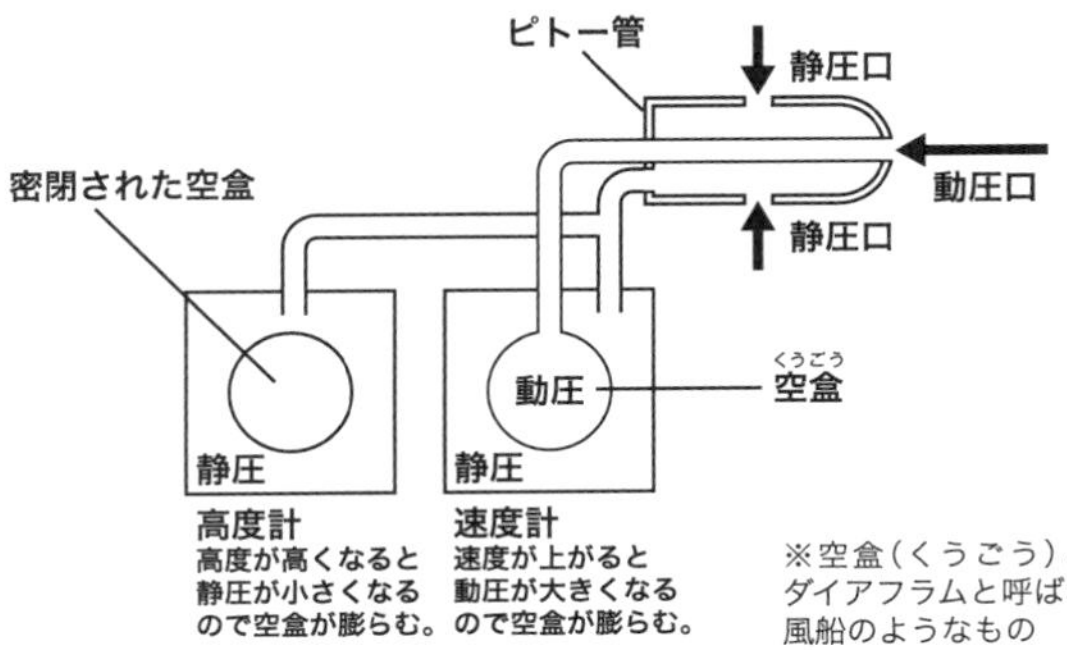
※空盒（くうごう）とは
ダイアフラムと呼ばれる

している。

これを大気に対する速度として対気速度というが、これは空気に対してどのくらいの速さで飛んでいるかというもの。そのため、ジェット気流や追い風、向かい風が起こっているときには地上から見た速度と誤差が生じてしまう。なので空気に対する相対速度だけでなく、対地速度といって地上から見た飛行機の速さも測っている。

対地速度は、従来は風などを考慮して対気速度を修正して換算していた。しかし最近では目的地まで誘導する慣性航法装置（ＩＮＳ）などの搭載によって、正確な対地速度を測れるようになっている。

飛行機は、こうして対気と対地という2つの速度を駆使しながら、速度を測っているのだ。

その結果、機内でよく目にする飛行情報（ＰＦＩＳ）に表示される到着予想時刻を正確に知らせてくれるのである。

離着陸のとき機長が喜ぶのは「追い風」か「向かい風」か？

空中を飛ぶ飛行機にとって、風はフライトの助けにもなるし、事故を招く原因にもなる。風をうまく利用することは、スムーズな巡航には欠かせない。

では飛行機には、向かい風と追い風のどちらが都合がよいのだろうか。

フライト中なら、やはり追い風である。人でも車でも、追い風の場合は押されるようにして前へ進むが、向かい風だと前へ進みにくい。飛行機も同じで追い風のおかげで、予定より早く到着するというケースも少なくない。

だが、離着陸のときはちがう。興味深いことに、向かい風が最適となるのだ。

これは飛行機の飛ぶ原理と関係がある。主翼の上面と下面を流れる空気の圧力差によって生じる揚力《ようりょく》は、向かい風が強いほど上下の圧力差が大きくなり、揚力も増大する。だから飛ぶには都合がよいというわけだ。

そのため離陸時には向かい風なら滑走距離も短くてすみ、上昇しやすい。着陸時には、揚力が大きいほどスピードを落としても楽に着陸できる。

反対に追い風があると、スピードを出しても主翼両面を流れるスピードは相殺されてしまい、揚力が小さくなる。そのため追い風での離陸は滑走距離が延び、着陸の際には失速し墜落してしまう危険性もある。

ただし、飛行機が高空飛行に入る頃には、十分なスピードが出ているため、揚力も確保できる。そのため、向かい風の手助けは不要となる。逆に押してくれる追い風のほうが都合がよいというわけだ。

つまり、風から揚力を得る場合には向かい風が必要となり、飛行中のスピードをアシストしてもらうためには追い風が適しているのである。

はるか上空を飛んでいる飛行機はどうやって高度を測っているのか!?

どの飛行機にもコックピットには高度計が備えられているが、そもそも上空を高速移動している飛行機の高度をどうやって測っているのだろうか。

じつは高度は地表からではなく、気圧を使って測っている。気圧は高度が上がるにつれて低くなる、という原理を利用して計測するのだ。

ただし、気圧は一定ではない。同じ高度でも、低気圧や高気圧など天候によって気圧は変わってしまう。そこで、地上の管制官からそのときの気圧情報の連絡を受けて、誤差を補正していくことになる。

しかし、この気圧高度計でも多少の誤差は生じてしまう。とはいえ、着陸時に高度が多少違っていても、滑走路の目視ができればあまり影響はない。また、ほかの飛行機もこの高度計を使っているから同じような誤差が生じてぶつかるという心配も少ない。

ただし、濃霧の中で計器着陸するときや、軍用機で地面すれすれなど低高度飛行をしているときには地面からの正確な高度が必要になる。その場合は、高度の測定に電波を使う電波高度計も併せて使う。これは、機体から電波を地上に向かって発射して、反射波が戻ってくる時間から高度を算出するというしくみだ。

一般的に高度飛行のときには、気圧高度計を、低高度飛行のときには電波高度計を使用している。

飛行機同士のすれ違う時間、わずか０・２秒 どうやって正面衝突を避けている？

空港周辺ともなると、１日に多くの飛行機が行き来するが、飛行機同士が衝突することはないのだろうか。

もちろん、そうならないために航空交通管制官から航空路や巡航高度の指示を受けながら飛行しているのでぶつかる心配はない。日本では、対向する飛行機同士は、高度２万９０００フィート（約８８００メートル）以上では２０００フィート（約６００メートル）、それ以下の高度では１０００フィート（約３００メートル）の高度差をつけて飛ぶように決められている（58ページ参照）。

とはいえ、空中で対向する飛行機の相対速度は時速1800キロメートル。すれ違っても0・2秒で通りすぎる。パイロットによると、目視では遠くで点に見えたものが、ジェット機だと気がついたときにはすでに目前にいるという。その間が戦闘機で2・5秒。旅客機の場合もう少し余裕があるが、いずれにしろ肉眼で確認した時点で対応しても遅い。

そこで1980年代後半、飛行機同士の空中衝突や異常接近を回避するために、空中衝突防止装置（TCAS）が開発された。

これは飛行機が発進する進路や速度などの信号を周辺の飛行機が受信しあうシステム。そのデータ分析から周囲にいる飛行機を検出する。そして衝突する危険を察知したら、回避指示が発せられるというものだ。日本では客席数19を超える旅客機にはTCASの搭載が義務付けられている。

もちろん、これはあくまでほかの飛行機の接近を知らせる装置なので、最終的に危機を回避するにはパイロットの判断力と腕にかかっている。

4……なぜ大型旅客機は着陸時に機首を上げるのか？

着陸のために滑走路に進入してくる大型旅客機は、いつも機首を上げている。これを見て不思議に思った人もいるのではないか。

たしかに離陸の際は、飛び立つのだから機首を上げるのは理解できるが、着陸のときにもなぜ機首を上げるのか。

結論からいえば、これは飛行速度を落とすためである。

大型ジェット機は、上空を時速900キロメートルで飛んでいるが、接地時には、高度を下げながら時速240キロメートルにまで飛行速度を落とす。飛行機は、飛行中は機首を上げると揚力が増すが、ある角度以上機首を上げると逆に揚力は減少する。この角度を迎え角といって、迎え角を大きくすることによって降下しつつ減速させる。そのために接地前に機首を上げるというわけだ。

仮にジャンボジェット機が機首から突っ込んだ場合、たとえエンジンを切っても、重力による加速が大きくなるため、速度が速くなってしまう。しかし、これが小型機であれば、飛行中と着陸時の速度があまり変わらないため、機首を下げた状態で滑走路に向かってきても加速しない。そのため、セスナなどの小型機は接地の際にも機首を上げずに進入したりする。

なお、この機首上げの操作はフレアといわれ、風を考慮してエンジンをうまく調整しなければならないため、離陸よりも難しい操作といわれている。

飛行機に乗って事故に遭う確率は毎日乗ったとしても438年に1回！

いくら海外旅行に出かける人が増えたとはいえ、やはり「飛行機に乗るのは怖い」と思っている人は少なくない。「あんな大きな金属の塊が空を飛ぶなんて」「しょっちゅう大惨事が起こってるじゃない」などと思うのも無理はないのだが、統計では旅客機は安全な乗り物といえそうだ。

ＩＣＡＯ（国際民間航空機関）が発表した「世界の定期航空の事故発生状況」によると、定期航空で1億キロメートル飛行するごとに、０・０３人が致死事故に遭遇する。これは、およそ33億キロメートルのフライトごとに１人死亡という計算になり、地球を８万３１７３回飛び回って１人死亡する確率になる。

飛行時間あたりの死亡事故率を見てみると、10万時間あたり０・０２人である。これは、約５００万時間飛んで、１人死亡する事故が起きるということである。また、たとえ毎日飛行機に乗ったとしても、事故に遭遇する確率は４３８年に１回程度だという。

航空アナリストの杉浦一機氏によると、アメリカの１年間の自動車事故での死者は、ライト兄弟が初飛行に成功して以来の航空機事故の死者よりも、つまり航空機の歴史をすべて合わせた死者よりも多いという。旅客機に乗っていて事故に遭う確率は、非常に低いのである。

別の統計では、日本で階段から落ちるなどの事故で命を落とす人が年間６００人以上いるが、全世界の定期航空事故の５年間の年間平均死亡者数は、５９２人。つまり、旅客機よりも、階段のほうが危険なのである。

旅客機は、事故が起きてしまうと被害が大きいので、報道も大きな扱いとなる。そのため、危険な乗り物としての印象を強くしてしまうのかもしれない。

着陸時、パイロットを警戒させる「ウインドシア」とは？

着陸に追い風は危険だが、それ以上に危険なのがウインドシアである。大気中の風の変化を「ウインドシア」といい、空港近辺での事故の原因となるケースが少なくない。

ウインドシアは乱気流の原因のひとつで、水平または垂直方向に風速や風向の差が生じる現象のことだ。とくに着陸時には、急な風向きに対応できず、事故につながってしまうのだ。日本でも1993年に花巻空港で、ウインドシアが原因で着陸に失敗するという惨事が起きている。

なかでもダウンバーストと呼ばれる強い下降気流が危険とされる。何しろ上空からの風が噴流のように地表にたたきつけ、四方に散らばっていく。この中に飛行機が入ってしまうと、向かい風から追い風へと風向きの急激な変化に遭い、揚力が減少。そして地面へたたきつけられる恐れがあるのだ。

1980年代に、ウインドシアが飛行機事故の原因のひとつだということが突き止められると、さまざまな防止策がとられるようになった。

風向きについては、空港建設の計画段階から考慮され、比較的風向きの安定した土地が選ばれている。

また、空港や機体にウインドシア監視装置や警報装置を設置。ウインドシアを検出できるようになり、管制官も気象情報の異変や危険性があるときは着陸許可を与えない。

さらにダウンバーストに関しても対策を講じた。雨粒に電波を当てて反射した反射波から風の動きを知るドップラー・レーダーを設置して、ダウンバーストなどの発生を事前にキャッチするのだ。これによりこれらの事故は減少している。

お相撲の団体が乗ったとき、飛行機が傾いたってホント!?

お相撲さんは海外巡業などを行なうが、あれだけの巨漢たちが一度に搭乗したら飛行機は傾いたりしないかと心配になったりする。実際、傾く可能性は大いにある。

旅客機では通常、機内を幾つかに区分けし、「みなし」の体重計算で重心を一定の範囲内に保ちバランスをとっている。だが、さすがに力士やスポーツ選手の団体の場合には特別計算だ。

乗客の重量ぐらいでフライトに影響があるのかと思ってしまうが、旅客機の運航には安定性がとても重要である。旅客機はさまざまな方法を駆使してシーソーのようにバランスをとる工夫がなされている。前や後ろが極端に重すぎたり、軽すぎるとバランスを崩してしまうのだ。

だから体重計算をしたら、揚力の中心と重心をほぼ一致させるようにする。これがズレると空中で機首が上がってしまうなど、機体が傾いてしまう。この重心位置の確認も運航時の大切な業務のひとつ。

では旅客機の重心はどこにあるのだろうか。

じつはそれはフライトごとに違うのである。なぜなら、搭載量が異なるからだ。燃料の搭載量、貨物・乗客の重量によって変わる。そのつど重心位置を算出して、前後のバランスよく載せているのだ。

だからこそ大相撲の団体クラスになると飛行機の重量に大きく影響してくるので、

特別計算が必要になる。相撲とりではないが、実際、団体客がまとめてキャンセルしたために重心が後方に片寄り、飛行中の機体が不安定になったこともある。いわば乗客一人ひとりが重りの役割を果たしているともいえる。コックピット辺りだと1人増えるだけでも重量が与える影響が変わってくるというから、重さにはかなり敏感なのだ。

ジェット機をも墜落させる航空機最大の天敵とは？

飛行機の敵は、突風や悪天候などの自然現象だけではない。じつは鳥との衝突「バードストライク」も大敵である。ジェットエンジンにカモメやトンビなどを吸い込むと大変。エンジンに致命傷を与えることになる。

実際、海外では鳥との衝突で飛行機が墜落した例も見られる。日本でもフライトキャンセルや機体の破損など、その被害は少なくない。では対策はあるのだろうか。

これらの事故は離着陸時や低空飛行時に多い。すなわち滑走路付近で多いというのだ。ならばそこから鳥を追い払えばよいだけである。

だが、これが簡単にはいかない。というのも、鳥を追い払う効果的な手段が見つからないのである。

もちろん航空会社も、ただ手をこまねいているわけではない。主要な空港にはバードパトロールを配置して一日に何度も定期的に見回りをしている。散弾銃の空砲などで大きな音を出して威嚇《いかく》したり、鳥の嫌いな音を出して追い払ったりもしている。さらに鷹匠とハヤブサを使って鳥を追い払う試みもあった。ただし一時的には効果があっても鳥はすぐに舞い戻ってくるため、いたちごっこというのが現状である。

また、鳥が目玉を怖がる習性を利用して、エンジンの先端部分に目玉模様の塗装を施したアイデアも試された。だが結局は効果がなく取りやめている。

日本だけでなく世界各国で有効な策を打ち出せないでいるが、ひとつ注目すべき事実がある。それは鳥が多いのは山や川の近くや、羽田空港のように鳥の餌場が近くにある所など立地条件に深く関係しているということだ。

根本的な解決には、こうした立地を考慮する必要がありそうだ。

旅客機は出発するとき燃料を満タンにしないってホント!?

飛行中に燃料切れになったら大変なことになる。これが太平洋上だったらなおさらだろう。だからといって、いつも燃料を満タンにしておけばよいというものではない。

なぜなら、旅客機にとって燃料の重さが負担になるからだ。何しろ満タンにした燃料の重さは機体自体とほぼ同じ。飛行機全体の40％以上の重さを占めてしまう。重いとそれだけ燃費が悪くなったり、離着陸が難しくなる。そのため、１回のフライトでは目的地に応じた必要最小限の燃料しか搭載しないのだ。

その最低搭載量とは、目的地までの必要な量、万が一のための代替空港までの飛行に必要な量、その上空に空中待機するための量に誤差を補う予備燃料となる。

そして、同じルートであってもフライトごとに燃料の量はちがうことが多い。

たとえば、飛ぶ高度や速度によっても燃費は変わる。一般的に高く速く飛ぶほど燃費は向上するとされているが、高いほどよいというわけではない。燃費がもっともいい高さや速度があり、そのときの天候などから選ぶことになる。風は追い風であれば、燃費はよくなるし、向かい風であれば燃費は悪くなる。

さらに燃料が増えれば、それだけ重量が重くなる。その増加分の計算もしなければならない。

このように飛行機の重さ、速度、ルートや気象条件などを総合的に判断して搭載する燃料は算出されているのだ。

こうして大量の燃料を積んで離陸した旅客機は、着陸する頃にはすっかり身軽になっているのである。

巡航高度はなぜ1万メートルが最適なのか？

旅客機が飛んでいるのはおよそ高度1万メートル前後（3万〜4万フィート）である。

高度に幅があるのは、ほかの飛行中の航空機と接近しすぎないように各機が高度を変えて飛んでいるためである。

飛行機は、巡航高度が高ければ高いほど空気抵抗が少なくなり、燃費が向上するという利点がある。ただし高すぎると、空気が薄くなりすぎるためエンジン効率が悪くなり、機体を上昇させるときに燃料を多く消費するという欠点もある。また、高いと近距離ではかえって遠回りになることもあり、一概に高ければよいともいえないのだ。

ならばちょうどいい高度というのはあるのだろうか。

飛行機にもっとも適した最適高度というのがある。それは揚抗比《ようこうひ》から導き出すことが可能だ。揚抗比とは、飛行機の重さを支える揚力と空気の抵抗である抗力との比率のこと。つまり飛行機がどのくらい前に進む力を出せば、飛行機を一番いい状態で支えられるかをあらわしたものだ。

これは、飛行機が上昇するにつれ、揚力が小さくなることと関係がある。揚力が小さくなれば、機首を少し上に上げて、飛行機の重さを支える揚力を調整する。ところが機首を上げると、今度は空気の抵抗も大きくなってしまう。

そこでもっとも小さい抵抗で飛行機を支えるための計算式が揚抗比である。この比が最大になる高度では、飛行機の姿勢がもっとも安定し、燃費ももっともよい状態となる。この空気抵抗とエンジンの両方の効率がもっともいい高度が1万メートルなのだ。

だから、国際線のような長時間の巡航では、気象状況に変化がない限り、この最適高度を飛んでいる。

旅客機は1回の給油でどこまで飛べる?

飛行機が洋上で燃料切れにでもなったら一大事だ。すぐに給油というわけにはいかない。だから飛行機にとっては飛行できる距離、すなわち航続距離が重要な性能とされている。

小さくて軽ければ燃費もよく、長距離を飛ぶのに都合がいい。だが小さいぶん、搭載できる燃料の量に限界がある。大きい飛行機なら燃料は多く積み込めるが、そのぶん機体が重くなり逆に燃費が悪くなる。

実際、機体の総重量の半分が燃料なので、燃料を積めば積むほど機体が重くなるのだ。

そんななか、航空機メーカーは航続距離の伸長にしのぎをけずってきた。現在はボーイング７７７－２００ＬＲの２万１６００キロメートルが民間機の最長飛行距離だ。

地球の円周が約４万キロメートルなので、半分である２万キロメートルを飛行できるということは、地球上のすべての場所に乗り継ぎなしで行けるということになる。しかし実際には、東京～サンパウロ間は約１万８０００キロメートルだが、途中で一度、アメリカに立ち寄って給油している。

さらに、飛行機全般でいえば、１９８６年、アメリカのボイジャー号が無着陸、無補給で９日間の地球一周を成し遂げている。つまり今の飛行機の性能でいえば、地球一周だってできてしまうのだ。

とはいえ旅客機の場合はそう簡単にいかない。なぜなら乗客や貨物も載せるため、機体が重くなる。そのため積み込める燃料にも制限があり、地球一周はまだまだ難しいのが現実である。

「晴れた富士山に近づくな!」は、なぜパイロットの合言葉になっているのか?

「晴れた富士山には近づくな!」

これはパイロットの合言葉である。

雨や嵐の日ならともかく、晴れた日とは意外だが、晴れた富士山の周囲には巨大な飛行機をもバラバラにしてしまう乱気流が発生するからである。山岳の風下に発生するこの乱気流は山岳波《さんがくは》と呼ばれる。とくに晴れて雲のない日は、肉眼でその存在を察知できない。

実際、1966年に、富士山の恐ろしさを知らないイギリスの旅客機が富士山麓で空中分解して墜落する事故が起こっている。

もちろん乱気流の発生は富士山だけではない。乱気流は地球上で毎日1万個以上発生しているのだ。

◆山の上空に乱気流が発生するしくみ

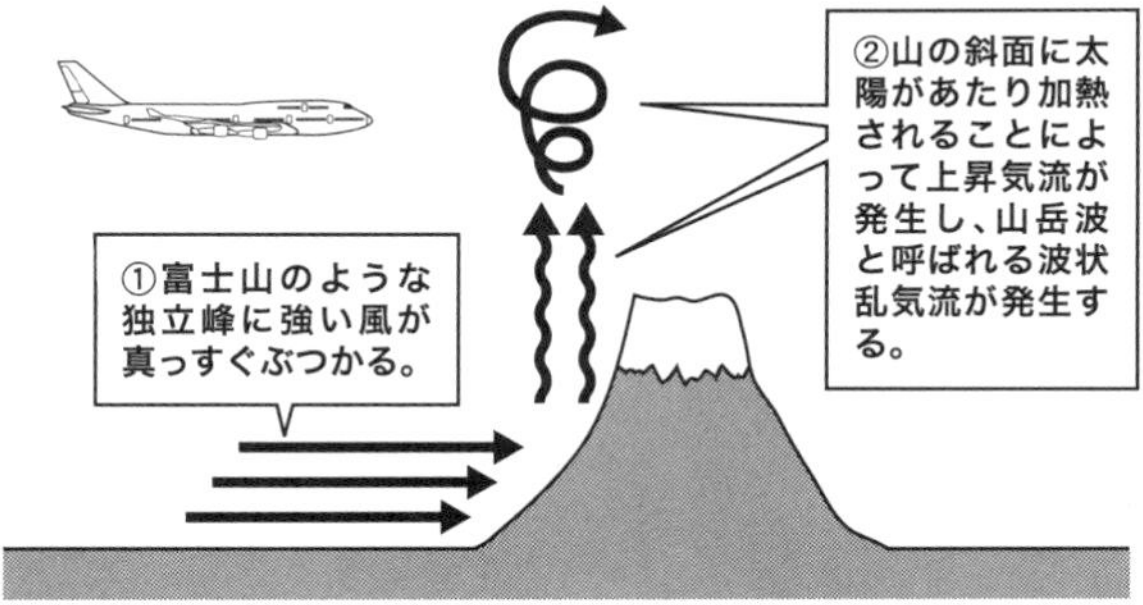
①富士山のような独立峰に強い風が真っすぐぶつかる。
②山の斜面に太陽があたり加熱されることによって上昇気流が発生し、山岳波と呼ばれる波状乱気流が発生する。

発生地の代表格は、真夏に発生する入道雲である。その美しい雄姿とは裏腹に雲の中はまさに「危険空域」。中に入ってしまったら最後、飛行機を木っ端微塵にしてしまう可能性がある。

誤って突入しようものなら、飛行機は上下左右に激しく揺られた挙げ句、雹《ひょう》や霰《あられ》の嵐、強烈な音と閃光を放つ雷に見舞われる。しかも最悪の場合は上昇気流と下降気流の激しい乱気流に揺り動かされ、旅客機は空中分解して墜落ということになる。

これを回避するには、もちろん入道雲に突入しないのが一番。とはいえ、肉眼ですべてチェックできるわけではない。

そのため、最近では機上装備の気象レーダーが発達し、300キロメートルも離れた入道雲でも発見できるようになっている。

事故の発生率がもっとも高い“魔の11分間”とは?

何回飛行機に乗っても、機内から目的地の空港が見えたらホッとするもの。だが、安心するのはまだ早い。航空事故の約7割は離着陸前後に起こっているのだ。被害が大きいのは墜落事故だが、事故件数の多さでは、圧倒的に離着陸前後が多いのである。

そのためか航空事故ではしばしば「魔の11分間(クリティカル・イレブン・ミニッツ)」という言葉が用いられる。

これは、旅客機の飛行において離陸の滑走開始後の3分間と着陸前の8分間に事故の発生率が高いことから、この両方を足した11分間が危険な時間帯だとされているのだ。

航空機は飛行する際、離陸、上昇、巡航、進入、着陸という流れをとる。離陸とは航空機が、滑走路を離れてから上昇を始めるまでの段階で、着陸とは、空港に近づき、接地して完全に停止するまでをいう。この離陸と着陸の操作を行なっているときが、事故の発生する確率が高いというわけだ。

これは統計を見ても明らかなのだが、ではなぜ空中を飛んでいるときより離着陸時に事故が多いのか。

じつはこれには、はっきりとした理由がある。そもそも航空機は、いかにして飛ぶかを考えてつくり出された乗り物だ。そのため巡航中がもっとも安定するようにつくられている。

対して離陸と着陸は、飛行の開始と終了という、いわば飛行中とは逆の操作を行なう。空気の流れに逆らうため、ちょっとした判断ミスや気象条件などが運航に大きく影響してしまうのだ。パイロットも離陸と着陸をいかにスムーズに行なうかということが難しいという。

それゆえに離着陸は、気象条件が悪い場合、離陸中止、または着陸のやり直しなど、慎重に行なわれるのである。

世界で一番安全な航空会社はどこなのか？

できれば安全な航空会社を選びたい――。これは誰もが一番気になる点だろう。果たして航空会社によって、安全性に差はあるのだろうか。

航空会社評価エアラインレイティングスによる世界の航空会社を対象にした「世界のもっとも安全な航空会社」が発表されている。業界経験を持つ編集者による評価のほか、安全基準、機体年数、乗客の評価など11項目を考慮して決定されたものだ。

2021年の1位はカタール航空で、安全基準はもちろんだが、客室のサービス、新型コロナウイルスの感染拡大期間中にも運航を継続したことが評価された。2位はニュージーランド航空、3位はシンガポール航空、4位はカンタス航空と続く。気になる日本の航空会社は、12位にANA、14位にJALがランクインしている。

このような飛行機の安全ランキングを発表しているのは、レイティングスだけではない。JACDECという安全性を調査するドイツの機関でも、JACDEC指数という独自の指標を用いて「航空会社の安全度ランキング」を発表している。

それによれば、2021年の1位はカンタス航空で、2位はカタール航空、3位はニュージーランド航空、4位はシンガポール航空だった。JACDECのランキングでは、残念ながら上位20位に日本の航空会社は入っていない。

とはいうものの、こうしたランキングを妄信するのも考えものだ。

航空業界の関係者によれば、日本の航空会社は、小さなトラブルでも報告するが、些細《ささい》な事故は公表しない海外の航空会社も多いという。そのために正直な航空会社ほど評価が下がる、という皮肉な側面もあるからだ。

なぜ、上空はマイナス50度なのに翼は凍りつかないのか？

地上から見れば爽やかな空も、雲の上は極寒の世界である。

気温は高度が高くなるごとに下がるため、高度1万メートルではマイナス50度にもなる。そのため雲の中のような水分が多いところを飛ぶと、機体の表面に氷が付着してしまうのだ。

氷がつくぐらい問題ないのではと思うかもしれないが、氷の付着は故障の原因になる。翼に付着すると翼形が変わり、揚力が大幅に減少するため翼の性能が落ち、失速する可能性もある。また、尾翼に付着すれば舵が重たくなるので、操縦に支障をきたす。

こうした障害を防ぐため、機体には氷が付着しないようにする防氷系統と、付着した氷を取り除く除氷系統という装置が装備されている。いずれも加熱した空気や電熱線など熱を利用して氷による障害を防ぐ。

たとえば、主翼など広い面積の防氷には、ガスタービンエンジンの圧縮機から取り出した高温高圧の空気(タービン・エア)を流し込んで防氷し、ピトー管やエンジン空気取り入れ口には電熱線が組み込まれ、必要に応じて加熱できる。

また、いったん付着した氷は除氷装置によって取り除かれる。

たとえば、主翼や尾翼の前縁はブーツと呼ばれるゴムになっており、空気を注入することによって膨らませ、その勢いで氷を除去するのである。

さらに、氷点の低いメチルアルコールなど除水液を用いる機種もある。専用タンクから氷が付着した箇所までパイプで液を流すが、パイプの整備が必要なことなどから最近では敬遠されているという。

このように、飛行機には私たちの知らないしかけがたくさんあるのだ。

第3章

乗務員

乗っただけではわからないパイロットと客室乗務員の仕事

パイロットのカバンには、
いったい何が入っている?

コックピットの会話は離陸から着陸まで録音されている？

飛行機事故が起こると、その原因究明に活躍するのが、「ボイスレコーダー」である。これはブラックボックスの中に入っているテープレコーダーで、コックピット内の会話をエンジンスタート時から停止まですべて録音している。

このレコーダーは事故が発生したときに、その直前のコックピットクルーたちの会話を再現し、事故の原因究明に役立たせるためのものだ。

最近の新型機では、コックピット内の計器操作のすべてが地上の基地に送信されている。地上では、飛行中どんな操作がされているか、すべてリアルタイムでわかるのだ。事故が発生したとき、回収したボイスレコーダーを照合することにより、事故の解明に役立てられる。

ボイスレコーダーの内容は、事故直後に公表される場合もあるし、10年以上たって、事故調査委員会により報告書が提出されてから発表される場合もある。

日本人パイロットのボイスレコーダーが公開された例は少ないが、１９８５年８

月12日に御巣鷹山《おすたかやま》に墜落し、死者５２０人という大惨事を引き起こした日本航空のジャンボジェット１２３便に残されたボイスレコーダーの録音は、じつに生々しかった。

事故後17年たって公開されたのだが、そこには、操縦機能が不能になったコックピットで、最後まで諦めずに格闘した機長、副操縦士、航空機関士３人の肉声が録音されていた。

１２３便の最後の衝撃音で終わる録音は、私たちに安全への思いを再認識させるものだった。

国際線のコックピットの時計はいったいどこの時刻に合わせているのか？

国内旅行になくて海外旅行にあるのは、時差である。とくに、日本からヨーロッパや北米へ旅行するときは、時差も大きくなるし、日付変更線を越える場合は、１日のズレが生じる。

われわれ乗客は手もとの時計をそのつど合わせ直せばいいが、では、コックピットの時計はどの国の時刻を表示しているのだろう。時差を飛び越えるフライトの場合、そのたびに時刻表示を切り替える必要がありそうだ。

じつは、どの国際線の飛行機も、コックピットの時刻は世界標準時に合わせている。

日本にいても、コックピットと管制業務で使う時刻は世界標準時に合わせているのだ。

地球は24時間で1回転しているので、360÷24＝15で、1時間に子午線《しごせん》15度ぶんずつズレることになる。よって世界の時間帯は、15度間隔に24のゾーンに分けられている。日本は、兵庫県明石市の子午線東経135度を日本標準時に決めている。135÷15＝9で、世界標準時より9時間進んでいることになる。

地球を24に分けたゾーンには、順にアルファベットがふられていて、日本は9つ目のIのゾーンに当たる。

このように、世界各地に時差があり、使用されている時間がちがうので、混乱を避けるために、すべてのエアラインでは世界標準時で飛ぶことが決められているのである。

パイロットの腕がよければ、旅客機でも背面飛行はできるのか？

航空自衛隊の航空ショーでは、戦闘機の華麗なアクロバット飛行が披露される。戦闘機は、90度の垂直旋回や背面飛行もできるが、優秀なパイロットなら旅客機でも急旋回ができるのだろうか。

結論から先にいうと、旅客機などの大型輸送機では、いくら腕のいいパイロットが操縦しても、急旋回や急降下はできない。

飛行機が左右に傾いたときの角度をバンク角と呼ぶが、戦闘機は90度を超えるバンク角で旋回できても、旅客機は60度のバンク角でも旋回は難しい。この飛行機のバンク角の限界は、飛行機の種類によってちがい、機体にかかる荷重の限界で決まる。これは制限荷重といい、法律で定められている。

たとえば、戦闘機の制限荷重は9G以上だ。小型のセスナ機になると3・8G〜

マイナス１・５２Ｇ、旅客機は２・５Ｇ～マイナス１Ｇである。

では、このＧとは何を示しているのだろうか。飛行機は揚力、重力、抗力、推力のバランスによって飛ぶ。揚力は機体を上に持ち上げる力で、この揚力のうち地面に垂直な上向きの成分が重力より大きければ上昇する。このように飛行機に加わる力を荷重といい、Ｇという単位を使って重力の何倍かであらわす。ふだん地上では１Ｇで、重力の２倍の荷重は２Ｇとなり、自分の体重の２倍の力が加わることになる。

水平飛行なら揚力と重力がつりあえばいいが、旋回飛行では機体が傾いたバンク角が大きければ、大きな揚力が必要になる。バンク角45度で約１・４Ｇ、60度で２Ｇだ。大きな荷重に耐えられるようにするためには、機体を重くしなければならない。そこで制限荷重が決められているのだ。

旅客機の場合、最大は２・５Ｇで、最大バンク角は66度ほどだが、これでは乗客に大きな負担がかかるため、実際にはバンク角35度くらいで運航されている。したがって、いくらパイロットの腕がよくても、戦闘機のような急旋回はできないのである。

機長の免許更新は、自動車と同じ3年に一度なの？

昔から国際線旅客機の機長に憧れる若者は多いが、機長になるのは並大抵のことではない。副操縦士になるまでに5年、副操縦士になってから10年以上もかかるといわれ、晴れて機長になれても、その人生はまさに訓練と審査の連続となる。

機長になるには、いくつかの道がある。ひとつは航空大学校を卒業して航空会社に入る方法。航空大学校の修業期間は２年４か月。航空会社に入ってからも、プロパイロットとしてのより高度な訓練が２年以上続く。

もうひとつは、大学を卒業後にＪＡＬ、ＡＮＡなど航空会社の自社養成パイロットの採用に応募する方法だ。ＪＡＬでは東京とアメリカのナパで基礎訓練を受け、事業用操縦士と計器飛行証明の資格を取り、副操縦士への昇格訓練に入る。

副操縦士になると路線飛行を7～8年経験し、総飛行時間が３０００時間以上、定期運送用操縦士の学科と実地試験にパスしたら、機長昇格訓練の予備課程に入る。

この後も厳しい訓練が続き、最終的に会社と航空局の審査に合格すると晴れて機長になれるわけだ。

機長になってからも、訓練と審査の連続で、まずは、運航するすべての路線資格を取得しなければならない。

次に、シックスマンスチェックという6か月ごとに実施される定期技能審査がある。これはシミュレータを使用した技量審査や口頭試問、筆記試験などだ。シミュレータを使ったＬＯＦＴ（ライン・オリエンテッド・フライト・トレーニング）訓練も6か月に1回ある。技量審査では、エンジントラブル、緊急降下など緊急時の操作が審査され、ＬＯＦＴでは、さらに複雑なトラブルの対応を訓練する。

さらに、半年に1回の航空身体検査があり、ここで基準を下回ると、乗務停止になる。つまり、機長のライセンスの有効期限は6か月しかないのだ。

このように、機長には、たえず訓練と審査が課され、確かな技量、緊急時の的確な判断力、自己管理できる精神力が求められるのだ。

なぜ機長と副操縦士の機内食はメニューがちがうのか？

長時間のフライトでは、コックピットのパイロットたちも食事をとるが、このパイロットの食事には細かい規則がある。

まず、機長と副操縦士が同じメニューを食べることはない。といっても、機長のメニューが副操縦士のメニューより豪華だというわけではない。

長距離の国際線で、何度か食事をとらなければならないときは、食中毒が心配になる。同じ料理を食べて機長と副操縦士が同時に食中毒になったら、操縦桿《そうじゅうかん》を握る者がいなくなってしまうからだ。

さらに、食事は同じコックがつくることも禁じられているし、まな板や包丁などの調理器具もすべて別のものが使われる。

パイロットの乗員食は、乗客のメニューとは少し異なる。乗客の食事は、彩りや味が楽しめるように工夫されているが、乗員食は、短時間に食べられてエネルギー源になることが優先されているため、いたってシンプルなものだという。

　国際線でフライト時間が長いときは、パイロットの食事にも余裕があるが、東京～大阪間の短時間飛行のときでも、時間帯によっては、コックピットで食事をとる場合がある。このように時間に余裕がないときは、急いで食べられる弁当が用意されるという。

　コックピットには客室のように食事用のテーブルなどないので、操縦席を少しうしろにずらして、ひざの上に食事をのせて食べる。そのため食事は乗客のようなトレイにのっているのではなく、深さのある箱に入っている。

　また、機長と副操縦士が同時に食事をとることも禁じられている。これはトラブルや緊急事態が発生したときに、必ずどちらかひとりは即座に対応できるように、通常ポジションでいる必要があるからだ。

　このようにコックピット内のパイロットの食事にも、安全運航のための細かい配慮がなされているのである。

機長の帽子がもつ大事な役割とは？

旅客機のパイロットは、就業中は制服、制帽を着用している。これは会社の規則で、運航乗務員であることを示す、世界共通のルールだという。

颯爽《さっそう》と空港を行き来するパイロットたちがかぶっている制帽だが、じつはひと目で機長と副操縦士のちがいがわかるように、機長の制帽のつばには金モールが入っているのだ。

ところでこの制帽は、コックピットで操縦しているときもかぶっているのだろうか。

じつは、パイロットは、コックピットでは帽子をかぶらない。なぜなら、コックピットの中にはさまざまな計器やスイッチが天井にまでびっしりと並んでいるので、帽子をかぶっていては上部の計器を見るのに邪魔になる。また、通信用ヘッドホンをつけるので、帽子はかぶれないのだ。

空港のターミナルを歩くときだけかぶっているのなら、単なる飾りということになる。じつは、帽子が必要になるのは機内でも空港のターミナルでもなく、飛行機の外なのだ。

機長と副操縦士は、飛行機に乗り込む直前に、機体の外部点検をする。機体のまわりを歩いて、念入りに異常がないかを調べるのだ。このとき、地上から機体を見上げているので、翼やエンジンからオイルや油圧液のしずくがたれてくることがある。これらが目に入ってしまったら、操縦に支障をきたす。そこで、帽子のつばで目を守っているというわけだ。

また、機長は雨が降っていても傘をささないので、雨よけにもなる。傘をささないのは、上方の機体を見るのに邪魔だし、傘の先端を機体にぶつけて傷つけたりしないためである。

このように、パイロットの制帽は単なる飾りではなく、重要な役割があるのだ。

パイロット訓練用のシミュレータの値段は30億円！それでも安いといわれるワケ

安全な空の旅のカギを握るのが、パイロットの腕である。そのため、パイロットになるには、厳しい訓練を積まなければならない。副操縦士になるまで何年もの訓練をし、その後も現役である間は訓練と審査が続く。

副操縦士昇格訓練は、機種限定（機種ごとに必要な操縦資格）を取得し、路線運航に同乗して経験を積み、副操縦士の資格を取得するための訓練である。機種限定を取得する訓練は、学科訓練についでシミュレータ訓練を受ける。実際に飛行機に乗って行なう訓練の前に、シミュレータによる訓練を受けるのだ。そして最後に空港での実機訓練で締めくくられる。

シミュレータ訓練は、実機のデータをシミュレータ用のコンピュータに入力することによって、航空機のすべての動きを地上で模擬再現し、操縦関係の操舵や機体の反応など、実機と同様の訓練ができる。実機と同じ動きをするシミュレータを、

ＦＦＳ（フルフライトシミュレータ）といい、固定式のシミュレータをＦＢＳ（固定訓練装置）という。

さらに、単なる操作手順だけでなく、さまざまなトラブルに対応する訓練も行なわれる。エンジン故障、急病人発生、緊急着陸地の天候悪化などを想定した訓練で、これはＬＯＦＴと呼ばれている（１０４ページ参照）。

最近では、性能向上によりシミュレータの役割が大きくなり、実機の訓練を受けなくてもシミュレータだけでライセンスを取得することもできる。

このように飛行訓練にシミュレータを使用するようになったのは、実機では危険でできないような訓練が繰り返し行なえることと、実機による訓練の経費を削減できるからである。実機を飛行させると、燃料費、機体の整備費、空港の着陸料など経費が莫大になるが、シミュレータであれば、実機の10分の1以下の費用ですむのだ。

最新の高性能シミュレータは、一基で30億円以上もするが、それでも実機訓練にかかる費用より安くて安全なのである。

客室乗務員になるために行なわれる、厳しい身体検査とは？

華やかなイメージの飛行機の客室乗務員（CA＝キャビンアテンダント）は、昔から女性の憧れの職業である。容姿端麗が採用条件であるかのように思われているが、いくら容姿端麗であっても、航空会社が決めた「身体条件」を満たしていなければ、CAには採用されない。

ではその身体条件とは何なのだろうか。一番は健康であることだ。CAの募集要項には必ず「航空機乗務に支障のないこと」と記されている。CAは、高度1万メートルの機内を職場とする特殊な職業なので、地上で仕事をするより体力が必要になる。さらに、CAは保安要員という重要な任務もあるため、健康であることが求められる。

そのため採用時に、厳しい身体検査が実施される。内科、眼科、耳鼻咽喉科、整形外科、尿検査、血圧などの検査のほか、握力や背筋力などを測る体力測定も行なわれる。

とくに厳しく調べられるのが、耳鼻咽喉科と整形外科だ。機上は気圧変動が激しいので、上昇、降下するときに鼓膜が圧迫されて中耳炎になりやすい。そのため耳鼻咽喉科関係で悪いところがあれば不合格である。機内では長時間立ちっぱなしで、揺れる機内で動き回らなければならないので、腰痛など整形外科関係の持病を抱えていると採用は難しい。

身長については、とくに応募資格には明記されていないが、低いと採用されないのは、スタイルの問題ではなく、機内頭上にある手荷物の収納場所に手が届かないと作業がしにくいからだという。

ＣＡに求められるのは、美貌ではなく健康なのである。

パイロットでもトイレに並ぶことはあるのか？

機長や副操縦士らのコックピットクルーを機内で見かけることはほとんどない。基本的にコックピットにいるのだから当然なのだが、では、パイロットたちがトイレをどうしているのか疑問に思ったことはないだろうか。

国際線の長時間のフライトでは、パイロットたちも食事もすればコーヒーも飲む。当然、トイレにも行きたくなる。しかし、コックピットの中にトイレが設置されているわけではない。じつはパイロットたちは、キャビン前部にあるコックピットに一番近い乗客用トイレを使っている。

だが、トイレ前で待っているパイロットの姿を見たことがないという人がほとんどだろう。実際、パイロットはトイレの前で順番待ちなどしない。トイレに誰もいないときを見計らって、トイレに駆け込んでいる。

では、どうしてトイレに誰もいないことがわかるのだろうか。

じつは、コックピット内には、トイレが使用中かどうかを示すランプがあり、そのランプが消えたときを狙っているのだ。しかし、ランプが消えたからといってコックピットを出たら、ほかの乗客がやって来て鉢合わせということもある。

そこで、コックピットのドアについている小さな窓を活用している。これは直径1センチほどののぞき穴で、レンズがはめてある。この穴の本来の役目は、コックピットに入ろうとする者を、中からチェックすることにあるが、トイレの使用状況の確認にも使われているのだ。

トイレ使用中のランプがついている頃から、のぞき穴を通して様子をうかがい、順番を待っている乗客がいなければ、トイレから人が出たときに駆け込む。こうしてパイロットたちは、乗客と鉢合わせすることなく、確実にトイレを使用しているのである。

最初は当時の〝看護婦〟が務めたキャビンアテンダントの仕事

飛行機の旅を快適に演出してくれるのは、客室乗務員のサービスだ。女性の憧れの職業である客室乗務員は、1996年頃まではスチュワーデスと呼ばれていたが、男女職業差別撤廃の流れによりこの名は消滅し、現在はキャビンアテンダント（CA）、フライトアテンダント（FA）と呼ばれる。

では、スチュワーデスは、そもそもいつ誕生したのだろうか。

スチュワーデスが世界ではじめてお目見えしたのは、現在のユナイテッド航空の前身・ボーイング航空輸送が8人の女性を採用したときだ。

当時は客室乗務員は男性が常識で、ボーイング航空輸送も男性のスチュワードを乗務させていた。あるとき、サンフランシスコの病院に勤務していた看護婦のエレン・チャーチが、看護婦の資格をもった若い女性のほうが細やかなサービスができると売り込んだのだ。

彼女は同僚看護婦7人とともに採用されて、1930年に世界初のスチュワーデスが誕生した。ただし、このときの彼女たちの名前はスチュワーデスではなく、「クーリエ（旅の世話人という意味）」であった。

制服はグレーのスーツに銀ボタンがつき、ベレー帽にマントというスタイルで、今でも十分におしゃれなもの。これはエレン自らがデザインしたものであったが、機内でサービスするときは、白衣の看護婦のスタイルだった。その後、このクーリエはエアホステスと改名され、さらにスチュワーデスに変わった。

ちなみに日本でのスチュワーデス誕生は、このエレン・チャーチらに遅れることわずか1年後の1931年、東京航空輸送という会社がエアガールとして3人の女性を採用したのがはじまりだ。

現在は、男女の別なく客室乗務員を意味するキャビンアテンダント、フライトアテンダントという呼び名になったが、彼らの実際の仕事は重労働で、サービス業務のほかに重要な任務として保安要員の業務があることは変わらない。緊急事態が発生したときに、乗客の安全を確保し、避難、救助するのが、もっとも重要な任務なのだ。

ベテラン機長でも陥る錯覚「バーディゴ」とは？

どんなに厳しい訓練を積んだベテラン機長でも、飛行中に陥る錯覚がある。「空《くう》間識失調《かんしきしっちょう》（バーディゴ）」といい、上下左右の感覚を失い、飛行機の姿勢、位置、方向などを誤って感じるのだ。

飛行中、パイロットにはいろいろな方向の荷重（G）がかかっている。この荷重の影響で、三半規管《さんはんきかん》に狂いが生じ、自分自身と飛行機の位置や姿勢を間違えるのだ。外が見えない雲中飛行や、夜間飛行などに陥りやすく、計器の表示が信じられなくなり、操縦を誤ったりするのだ。実際、空間識失調によって起こったと思われる墜落事故は少なくない。

たとえば、外が見えない雲の中で旋回しているときに頭を強く振ると、正しく旋回をしていないと錯覚する。これを「コリオリスの錯覚」といい、旋回角度を正そうと誤った操作をしてしまう。

また、窓の外に見える雲の尾根のラインが傾いていると、これらのほうが水平だと錯覚して機体の姿勢を把握できなくなったり、夜間に空の星を地上の灯と勘違いしたりしてしまうこともある。

ほかにもまだいろいろ錯覚はあるが、着陸時に起こす錯覚も多い。滑走路の大きさによって、機の高度を誤ったり、滑走路が前後どちらかに傾斜していると、進入角を間違えたりする。とくに滑走路が日射を浴びているときなどは、滑走路までの距離や高度を錯覚しやすい。

では、これらの錯覚を防ぐにはどうしたらいいのか。

一番の方法は計器を信頼することだという。ところが空間識失調に陥ると、計器を信じられなくなるといわれる。計器は水平儀、定針儀、高度計など複数あり、仮にどれかが故障しても、通常通り飛ぶことができる。

晴天なら、外の景色や各計器など複数の情報をチェックして状況を把握する。これをクロスチェックという。

このようなときでも、パイロットたちは驚いたりあわてたりして判断を誤らないよう、冷静な対応が求められるのである。

パイロットのカバンには、いったい何が入っている？

昔から飛行機のパイロットは、少年の憧れの職業である。そのパイロットがいつも持ち歩いているものがある。それはフライトバッグという黒いカバン。

じつは、この黒いカバンの中には、航空法で携帯が義務付けられている物が入っている。

まず、ルートマニュアル。これは飛行場の見取り図や離発着に必要な手順、経路、方法が記載された航空用地図で、最低気象条件、緊急時の手順などの情報が詰まった書類である。

各種ライセンスは、飛行機を飛ばすための資格で、操縦士技能証明、航空身体検査証明、無線通信士の免許など。

そのほか渡航に必要な書類、航法計算盤、飛行時間記録、航空機の性能表、懐中電灯、携帯用予備眼鏡などだ。

ほかに、上空では太陽の光がまぶしいので、目を保護するためのサングラス、鹿革の手袋、ヘッドホンなどである。またあれば便利なものとしては、リップクリーム、目薬、デジカメ、電卓、辞書などがある。法定携行品から個人的持ち物までさまざま。

パイロットはあちこち飛び回るため、これらを入れたカバンをいつも持ち歩いているようだ。

また、ルートマニュアルや各種参考資料は、内容が日々更新されるため、１週間ごとに差し替え作業を行ない、つねに最新の情報に更新されている。この航空情報が最新のものでないと、重大な事故につながる危険性があるためだ。

機長のアナウンスはいつも同じというわけではない

何度か飛行機に乗っていると、機長によってアナウンスが頻繁にあるときと、まったくないときがあることに気づく。機長のアナウンスは、その日の気分しだいなのだろうか。

機長は飛行中に乗客の飛行の安全、フライトの状況などをアナウンスし、それが乗客に与える影響を考えて、タイミングと内容には十分注意することが決められている。また、トラブル発生の緊急時には、乗客に状況説明と指示をアナウンスする義務がある。

アナウンスがあるときとないときがあるのは、フライトや乗客の状況によることが多く、気分しだいというわけではない。アナウンスしないときは、短距離のフライトで操縦に忙しい場合、悪天候などで操縦に余裕がない場合、フライトが夜間や早朝で乗客が寝ている場合などだ。

逆に、景色の案内などアナウンスを多くするときは、夏休みなどで子ども連れの家族が多かったり、空の旅を楽しんでもらおうとする場合、フライトが順調で余裕がある場合などである。

だが、機内アナウンスは、なれない機長は負担に感じるもので、機長になりたての頃などはマイクを握ると、考えられないようなミスをしてしまうことがあるそうだ。

ＪＡＬの機長だった大村鑛次郎《こうじろう》氏が書いた『機長の仕事』（講談社）によれば、トラブルや故障のとき以外は、飛行情報程度の簡単な内容だが、気をつけなければいけないのが、目的地の到着時間のアナウンスだという。操縦席の時計は世界標準時に合わせてあるから、到着地の時間は計算しなくてはならないが、あわてると計算間違いをしてしまうという。

国内線で天候がよいときなど、窓から見える景色の解説や航程の説明を何度もアナウンスしてくれる機長もいるし、名調子というほど内容を工夫している機長や、アナウンスが得意の名物機長もいるので、飛行機に乗ったら意識して聞いてみてはいかがだろう。

パイロットになるための3つの方法

日本でパイロットになるには、3つの方法がある。ひとつは、航空会社の自社養成パイロットとして採用される方法。2つ目は、航空大学校を卒業して航空会社に就職する方法。3つ目は、自力で必要な資格を取ったうえで、航空会社に就職する方法だ。

航空会社の自社養成パイロットになるには、会社によって多少条件がちがうが、大学か大学院の新卒で、第1種航空身体検査に合格できるくらい健康であれば、とくにパイロットとしての資格や専門知識は必要ない。

必要な技術や知識は入社後に教育・訓練されて、約4年後に大型ジェットなどを操縦するパイロットにまで養成される。

航空大学校は、以前は旧運輸省によって国立のパイロットの養成機関として設立され、のちに独立行政法人化された。民間の飛行学校ではない。

この大学の受験資格は、短大卒、専門学校卒、4年制大学を2年修了していることとで、25歳まで資格がある。新卒時に1回だけしか受けられない自社養成パイロットより、採用されるチャンスは多い。

2年間で必要な資格を取ったあと、特別枠で採用試験を受けることができるが、必ずしも航空会社に就職できるとはかぎらない。

3つ目の、自力で必要な資格を取って航空会社の採用試験を受ける方法は、実際にはかなり難しいだろう。事業用操縦士、計器飛行証明、航空通信士などの資格を取らなければならないのだが、これらを取るには、最低でも1500万円もの費用がかかる。

資格が取れても、就職が保証されたわけではない。現在、この方法で採用しているのは、スカイマークをはじめとする中小会社で、大手のJALやANAは自社養成と、航空大学校出身者のみを採用している。

男性パイロットばかりの世界だったが、最近は女性パイロットも、ANA、JALともに増えてきている。女性でも資格があればパイロットになれるのだ。操縦桿を握って大空を飛びたい人は、挑戦してみてはいかがだろう。

自動操縦って
パイロットは何もしなくていいの？

飛行機は、離陸してしばらくすると、自動操縦（オートフライト）に切り替わる。コンピュータが全部やってくれるということは、その間、パイロットは何もしないで座っているだけなのだろうか。

自動操縦には、舵を動かすオートパイロットと、エンジンの出力を調整するオートスロットルがあり、あらかじめインプットしたコースを飛ぶことができる。条件さえ整えば、着陸も可能なのである。

だが、その間、パイロットは何もしていないわけではない。コンピュータは、パイロットに指示された通りに機体を動かしているだけで、先を予測して対応することはできないのだ。

だから、パイロットは不測の事態に備えて、絶えず頭を働かせていなければならない。雲や気流を予測し、コンピュータの誤作動や巡航コース、エンジンの調子、燃料、オイル、与圧空調などの計器類をすべて監視している。その緊張は大変なものである。

そして、何かアクシデントが起きた際には、冷静な判断を下し、コンピュータに代わって操縦できるよう待機していなければならない。

もっとも、自動操縦装置がなかった時代は、パイロットが操縦しながら、これらすべてをこなしていたのだから、以前に比べたらずっと負担が軽くなったといえるだろう。

また、現代の飛行機は、長距離、長時間、高速のフライトが多い。そのためにも、自動操縦はなくてはならないものになった。

ちなみに、旅客機の自動操縦のスイッチは、正面の計器パネルの上に張り出した部分にあることが多い。

この部分はグレアシールドと呼ばれ、前方を監視しながら視線を移しやすいし、手も届きやすいという最良の場所なのである。

第4章

機体

外見からは見えてこない摩訶不思議

飛行機の部品はなんと接着剤でくっつけている！

大型ジェット機の燃料は家のストーブと同じ灯油!?

あの巨大な大型ジェット機は、いったいどんな燃料で飛んでいるのだろう。機体と乗客合わせて350トン近い重さになる乗り物を飛ばす燃料である。よほど特殊なものにちがいない……。

ところが、ジェット機に用いられている燃料は、なんと石油ストーブなどに使う灯油と同種のものである。

航空機の燃料には、ガソリン燃料とジェット燃料の2種類がある。

ピストンエンジンを搭載するプロペラ機などは軽油を精製したガソリン燃料を使っており、これはハイオクよりも上質なものである。

一方、ジェット燃料はガソリン燃料に比べて引火性が低く、通常の状態では火のついた焚き木を放り込んでも燃えたりしないが、空気と混ざった状態では火がつきやすく、燃焼性がいいという特徴がある。

ジェット燃料にはケロシン系とワイドカット系の2種類があり、ジェット機の多くは、灯油から精製したケロシン系が使われている。ケロシンとは、原油を蒸留するときに出てくる成分で、高度な精製がなされ、家庭用ストーブに使う灯油より純度が高く軽くなっている。民間ジェット機や小型ジェット機には「ジェットＡ１」という種類が用いられている。

一方のワイドカット系はナフサと灯油を混合した燃料で、旅客機にはほとんど使われない。ワイドカット系は比重が軽く、ケロシン系よりも発火しやすい特徴があり、おもに軍用ジェット機などに利用されている。

ジェット機にケロシンが使われるのは、40度以上でないと引火せず、ワイドカットに比べ燃えにくいというメリットがあるからなのだ。

なぜ旅客機の乗り降りはいつも左側のドアからなのか？

旅客機に搭乗するとき、乗客はいつも左前部のドアから乗り降りする。しかし、機体には左右両側にいくつものドアが設けられている。それなのに、なぜ旅客機は左側のドアしか使わないのだろう。

じつは、左から乗降するようになったのは船にならったという説が有力である。むかしの船は、舵取りの舵板が右舷に取り付けられていたため、右舷を岸につけようとすると、舵板が邪魔になった。そのため、船は左舷から接岸するのが習慣化していた。そして、飛行機もそれにならい、左から乗降するようになったのだ。

その後、舵取りがスクリューに取って代わり、船体を横に動かすプロペラ装置が開発されると、船は左右どちらでも接岸できるようになる。しかし飛行機のほうは、その船の乗降の習慣が残ったというわけだ。船の名残はこれだけではない。飛行機には船にならった呼び方も残っている。たとえば、飛行機のことを業界では「シップ」と呼ぶし、客室は「キャビン」、乗務員は「クルー」と呼ばれる。機長を「キャプテン」というのも、もともとは船がルーツである。

かつて大量の人や物を運ぶ乗り物として重宝された船の役目を、飛行機が引き継いだともいえるだろう。

ならば、乗客が使う以外のドアとはいったい何のためにあるのだろうか。もちろんきちんとした使い道がある。それらは機内食や販売品の積み込み、機内清掃のほか非常用脱出口として使われているのである。

ただし、なかには左右からではなく、機体後部にタラップを収納し、そこから乗客を乗降させる機種もある。

着陸の衝撃に耐える強靭なタイヤ 自動車のタイヤと何がちがう？

着陸の際に、あの重い機体を支え、衝撃を吸収するのが脚についているタイヤである。どんなタイヤを使っているかと思いきや、じつは、構造自体は自動車のタイヤとほぼ同じである。

タイヤは、ナイロンなどの合成繊維を何層にも重ねてゴムでまとめたチューブレスのものを使用している。以前は強度などからバイアスタイヤが使われていたが、現在は摩擦が小さくて軽量なラジアルタイヤが一般的だ。

ただし、飛行機のタイヤと自動車のタイヤとでは、丈夫さや摩擦に対する抵抗が格段にちがう。

◆飛行機のタイヤ構造

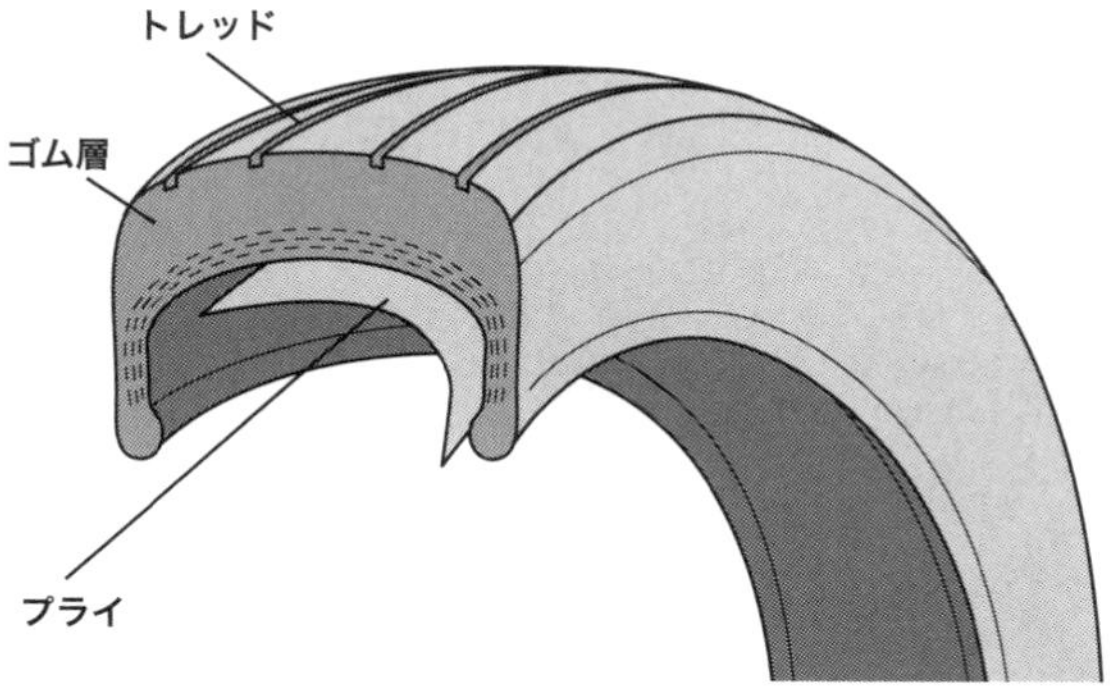

まず、飛行機はあの巨体を小さな車輪で支え、接地の衝撃を吸収しなければならないため空気圧は自動車の5〜10倍と桁違いに大きい。

さらに、飛行機のタイヤには安全性を考えて、不燃ガスである窒素ガスが入れられている。なにしろ飛行機が着陸した際にはタイヤの表面温度は400度にまで上昇するため、素材も熱の発生量の少ない天然ゴムが使われているのだ。

逆に自動車のほうが複雑につくられているのが、地面と触れるトレッド（溝）の部分である。自動車のタイヤは幾何学《きか》模様の溝が設けられているが、飛行機では図のように円周方向に直線に何本かのトレッドがつけられたシンプルなパターンが主流だ。飛行機はコーナリングの必要がないため、複雑なトレッドが不要なのである。

雨天のとき、タイヤと路面との間の水の排出が遅れると、タイヤと滑走路の摩擦がなくなり、方向が制御できなくなってしまう。つまり、滑走路上の雨水を排出するために、飛行機のタイヤに溝が設けられているのである。

飛行機の部品はなんと接着剤でくっつけている！

大量の部品からつくられている飛行機。いったいどうやってそれらの部品を接合しているのかというと、リベット（鋲）や溶接などのほか、なんと接着剤を使って組み立てられている。

飛行機には大量の接着剤が使用され、その量は大型ジェット機になると１トン近くにもなるという。接着剤を１トンも使用するというのも驚きだが、じつはそれでもリベットなどの総重量より軽い。接着剤は軽量化に一役買っているのだ。

穴を開けて結合するリベットは、どうしても穴の周囲に応力《おうりょく》（物体の内部に作用する力）が集中してしまい、疲労によるクラック（ひび割れ）が発生することが多い。だが、接着剤で結合すると接着面全体に応力が分散されるため、そのデメリットが格段に減るのだ。

また、接着剤の場合はリベット部分の疲労チェックも必要なく、部品数も減らせることから、整備、製造コストを削減できるというメリットも大きい。最近では、繊維で強化されたプラスチック複合素材（ＦＲＰ）などが増えてきたこともあり、接着剤はますます重宝されているようだ。

もちろん、接着剤にも難点はある。いわゆる貼り付けているだけのため、接着剤と素材の強度差からくる応力集中という問題がある。そのため、最近では疲労耐性に強い接着剤が用いられている。

接着剤で組み立てるプラスチックの飛行機。まさにプラモデルをほうふつとさせるではないか。

飛行機には空中で燃料を捨てる装置がある！

たとえば、離陸直後にエンジントラブルで引き返さなければならない場合があったとしよう。引き返すのは簡単そうだが、じつはそのままでは着陸できない。

なぜなら、飛行機には最大着陸重量という制限があるからである。機体が重すぎると着陸したときの衝撃が大きいため、タイヤや脚などの着陸装置が耐えられない。そのため着陸可能な最大の重さが飛行機ごとに決められているのだ。

重量制限は、離陸の場合にもある。これは最大離陸重量といって、どれだけの重さを運べるパワーがあるかを示し、エンジン出力によって変わる。

通常のフライトでは、目的地に到着するときには燃料はほとんど消費した身軽な状態になっているので、ほとんどの飛行機の場合、最大着陸重量よりも最大離陸重量のほうが重い。ところが、出発して間もない離陸直後は、最大離陸重量のほぼそのままの重さである。そのため、最大着陸重量よりも重ければ着陸しようにもできないのである。

もちろん飛行機はそうした事態も想定したうえでつくられているので対処法がある。

着陸時の安全確保のために不要な燃料を放出する装置を装備しているのだ。燃料タンク内にあるポンプの力で両翼の先端から燃料を空中に吐き出していくのである。大型のジャンボ機の場合、燃料を放出するのにおよそ15分かかるという。

もちろん放出する場所は市街地を避け、海上などが選ばれるそうだが、そもそも放出される際に燃料は気化するため、大気への害は少ないという。

墜落しても壊れないブラックボックス いったいどのくらい頑丈なのか?

航空機事故が起こると、必ずといっていいほどニュースで「ブラックボックス」という言葉を耳にする。２００１年にアメリカで9・11同時多発テロが起きたとき、世界貿易センタービルに激突した2機のブラックボックスが回収されたのかどうかが大変話題になった。

このブラックボックスは、航空機事故の原因究明のために必ず搭載される装置で、中にはおもに「コックピット・ボイスレコーダー（CVR）」と「飛行データ記録装置（FDR）」の2種類が入っている。

CVRは、コックピット内のクルーたちの会話や管制機関との交信内容などを録音したもの。航空機が停止する直前のコックピット内の音声が記録され、事故当時の状況を知ることができる（詳細は98ページ参照）。

FDRは一般に「フライトレコーダー」と呼ばれ、高度、速度、機首方位、垂直加速度、経過時間などのデータが記録される。これらのデータが、事故前の飛行状況を解明するための必要不可欠なデータなのだ。

ただし近年は、これだけのデータでは原因解明には不十分だとされ、飛行機の姿勢やエンジンの状況など、新たな19種のデータの記録が義務付けられており、さらに60種類以上のデータがデジタルで記録されている。これは「デジタル飛行データ記録装置（DFDR）」と呼ばれている。

このCVRとDFDRが入っているブラックボックスは、どんな事故が起きても破壊されないように、耐熱・耐衝撃構造になっており、1100度の高温で30分間熱せられても、1トンの衝撃にも耐えることができるというから驚異的だ。おもに衝撃が小さい客室後部の天井裏や後部貨物室付近に装着されている。

また、発見しやすいように目立つオレンジ色で、強い衝撃を受けたり海水につかっても、30日間にわたって位置を知らせる信号を発する。事故の際、比較的素早く回収するための工夫である。

スピードが出過ぎと思ったとき飛行機はどうやってブレーキをかけるのか？

自動車はブレーキを踏むと、地面に対しての作用が働いて、減速したり、停止することができる。

ならば空中を飛んでいる飛行機はどうやって減速すればよいのだろうか。答えは単純である。空気抵抗を大きくすればよい。

これはエアブレーキといって、空気抵抗を大きくすることによって減速させる。このエアブレーキは多くの大型旅客機に装備され、緊急着陸などで急激な降下や減速が必要になったときに活用されている。

このブレーキはスポイラーと呼ばれ、飛行中に使用されるフライト・スポイラーと接地後に作動するグラウンド・スポイラーの２種類がある。

フライト・スポイラーは主翼上面に装備されている。板状で、通常は翼面と同一面になっているが、必要時にはコックピットのレバーの操作で立ち上がる。それが翼面に沿って流れていた空気を邪魔して、揚力を減少させるのだ。空気抵抗を大きくして減速させるというしくみになっている。

これと同じ構造で、接地後の滑走状態で使うものをグラウンド・スポイラーと

◆翼に付いている２種類のスポイラー

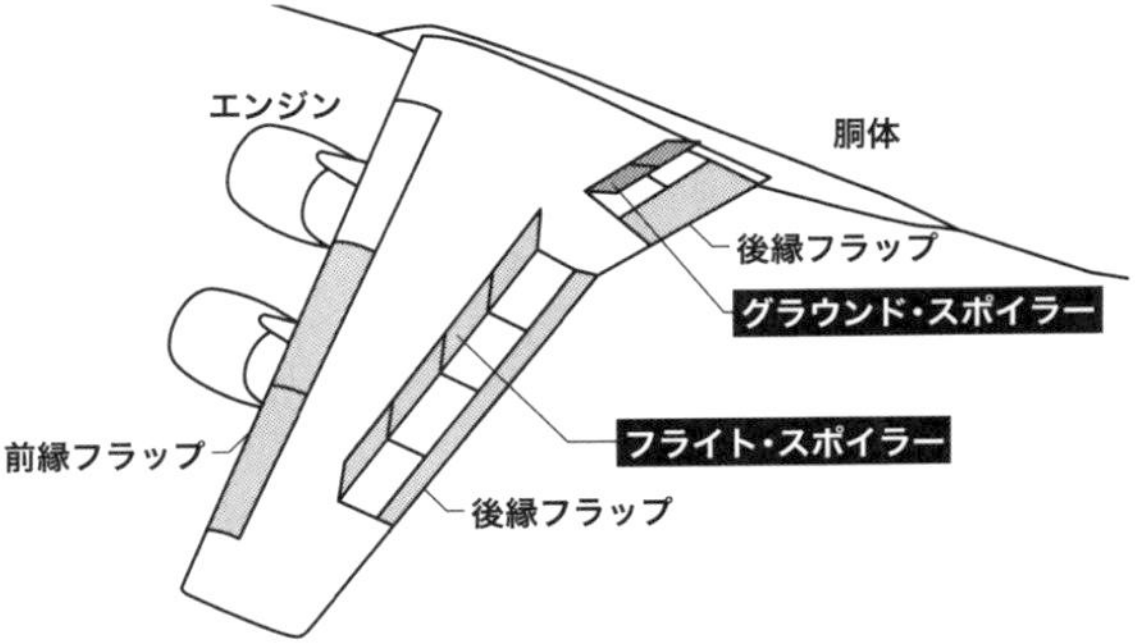

いう。着陸後、フライト・スポイラーと併用することで抗力を増大させ、着陸距離を短くするものだ。

ちなみにスポイラーとは、揚力を減じる、つまりスポイルするというところからつけられた名前である。

もしも、飛行中にエンジンがすべて止まったらどーなる!?

もしもエンジンがすべて止まってしまったら、旅客機はどうなるのだろうか。

ジェット旅客機は2～4基のエンジンを搭載しているが、すべてが故障する可能性もゼロとはいえない。

事実、かつて飛行中に火山の噴火に遭遇し、噴き上がる火山灰のせいですべてのエンジンが酸欠状態になり、推力を失うという事故があった。だが、エンジンが止まっても、いきなり地面に真っ逆さまに墜落することはない。エンジンが止まると、上昇することや、真っすぐ飛び続けることはできなくなるが、滑空《かっくう》して徐々に高度を落とすことはできるからだ。

目的地まで飛ぶことは無理だとしても、揚力があるおかげで、その滑空時間と滑空距離はかなり長い。ジェット機の種類、翼と全体の大きさの比率にもよるが、20分ほどは空中にいられるし、高度の10倍くらいの距離は滑空できるとされる。

じつは、エンジンが正常に動いている飛行機でも、巡航高度から降下するときには、推力レバーがアイドリング状態になっている。飛行機が巨大なグライダーのようになっているのだが、そもそも飛行機とは、推力エンジン付きのグライダーそのものである。

過去には、エンジン自動始動機能やパイロットの適切な措置で、再始動できたケースもある。火山の噴火に遭遇した飛行機も、滑空しながら噴煙を抜けたところで、エンジンが制御可能な状態に回復した。

もしエンジンが直らなければ、どこかに無動力着陸することになる。これが成功するかどうかは、パイロットの腕しだいである。

ドラム缶900本ぶんの燃料をいったいどこに入れている？

飛行機は、燃料の量もケタ外れである。大型ジェット機1機の搭載燃料は18万リットル。ドラム缶で約900本ぶんにもなる。重さにしておよそ170トンだ。これほどの燃料をいったいどこに搭載しているのだろうか。

じつは大型ジェット機にかぎらず、ほとんどの飛行機は主翼が燃料タンクになっている。

まず、飛行機の主翼の中は巨大なスペースとなるため、液体を入れるのに適している。しかも主翼は飛行機の重心にも近いため、燃料減による重心の移動が少ないというメリットもある。燃料タンクとしては好都合なのだ。

とはいえ、翼全体がひとつのタンクになっているわけではない。機体を傾けたときに燃料の揺れが大きくならないよう中は細かく仕切られ、幾つものタンクに分かれているのだ。タンクは胴体にひとつと、翼にそれぞれ3つ備わり、順に消費して

◆旅客機の燃料タンクの位置

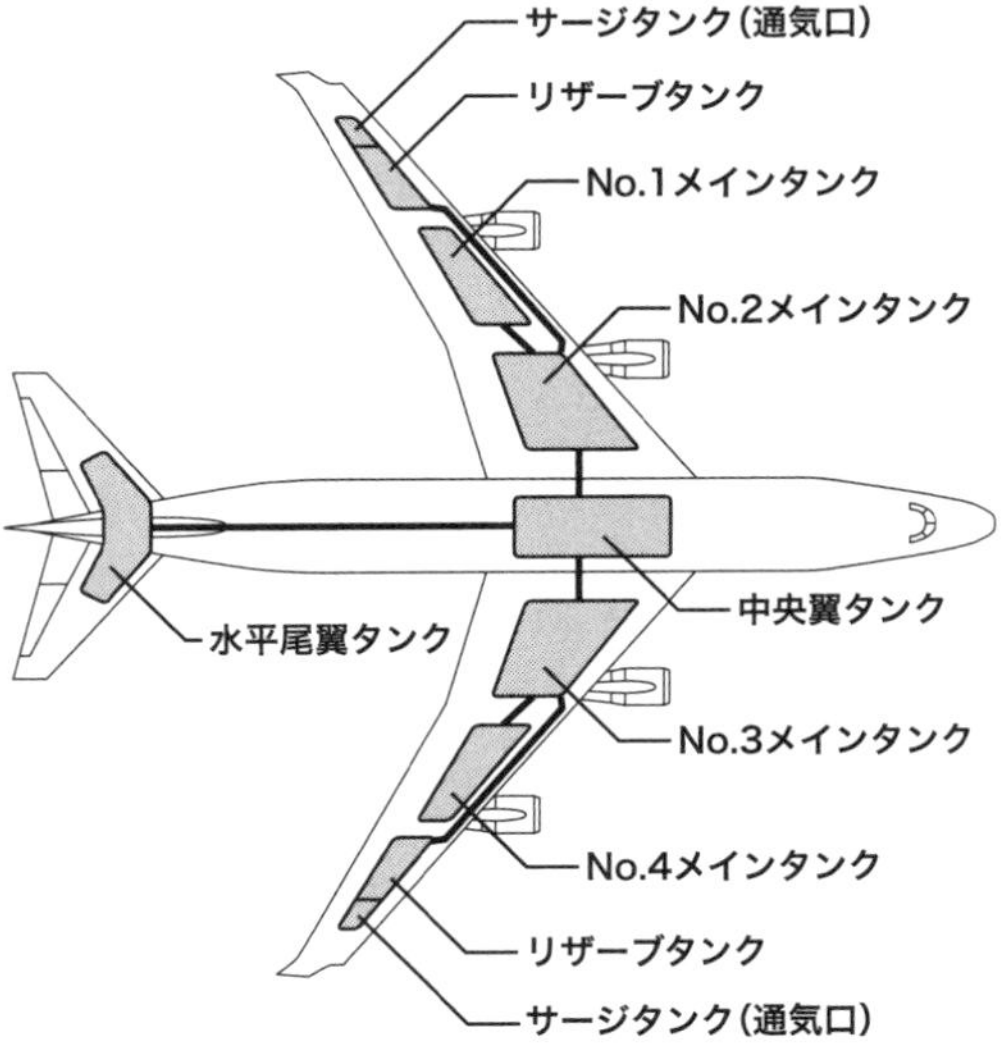

いく。

離陸直後は燃料も満タンだが、それでは、どのタンクから燃料を使っていくのだろうか。主翼内の燃料から消費してしまうと、軽くなった主翼が反《そ》り返ってしまう。機体のバランスをとるために、胴体下部にある中央翼タンクの燃料から消費していくのが一般的である。

同様に、主翼内部の燃料を使うときも反り返しを防ぐために胴体に近いタンクから順に消費する。飛行機は、燃料を使う順序まで緻密に計算されているわけだ。

客室の床下と天井裏はどうなってる？

鉄道やバスは四角い形なのに、航空機の胴体は丸い形をしている。なぜかといえば、航空機が何千メートルもの上空を飛ぶからである。

上空では空気が薄く気圧が低いため、与圧といって機内の気圧を高めている。ところが、与圧した空気を機内に送り込むと、胴体は風船のように膨らもうとする。

◆旅客機の胴体断面図

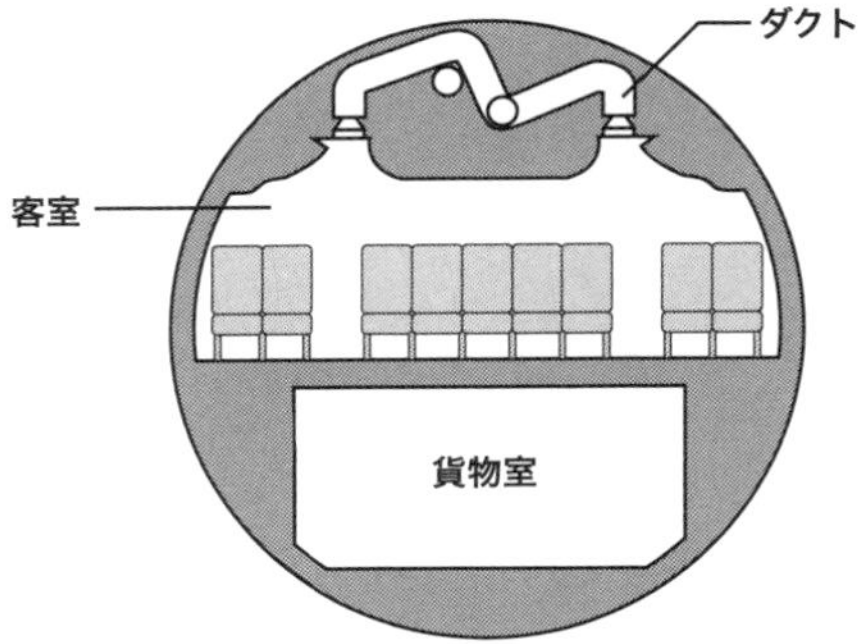

そのため、胴体をあらかじめ丸くすることで、ボディにかかる力を均一にできる。また、四角よりも丸のほうが表面積が小さいため、受ける空気抵抗を小さくできるのだ。

とはいえ、丸い形なので四角よりも無駄なスペースが出る。旅客機はその大きさのわりには、客室部分が狭い。実際に、客室がつくられているのは胴体の上半分。胴体の下半分は、おもに貨物室として使われている。下半分だから、かなりのスペースが貨物室に割かれているわけだ。

旅客機は人を運ぶだけではなく、乗客の荷物や郵便、貨物も運ぶが、貨物は旅客機に搭載する前にコンテナに収納される。この貨物用コンテナは、直方体の一辺が削られていて、旅客機の丸い胴体にピッタリと効率よく収まるように工夫されている。

また、天井裏は、コックピットからの各種ケーブルや電気、空調などの配管が通っている。なかには、天井裏に乗務員用のベッドが置かれている旅客機もあり、ボーイング777は、飛行時間が長いため、前部と後部の天井裏に乗務員が仮眠を取ることができるベッドが置かれているそうだ。

最近では、エアバス社の超大型旅客機A330やA340、A380で、床下フロアを有効活用しようと、乗客用のラウンジ、化粧室、バー、乗務員用の休憩室などを設置しはじめて、好評を博している。ただし、飛行機が乱気流などに遭遇して機体が突然揺れると、乗客は床や天井に叩きつけられる恐れがあるので、ある程度の制約はあるという。

飛行機のボディがカラフルになったワケ

かつては、飛行機のボディといえば、白や銀一色がほとんどで、せいぜい航空会社の名前が色文字で入っていたくらいだった。しかし近年、マーキング（機体塗装）が施された色とりどりの飛行機が登場している。

とくにスペシャルマーキング（特別塗装）が加わってからは、より華やかな機体がお目見えした。

ペイントの代わりに特殊なシートを貼り付けることが可能になったのも、スペシャルマーキング機が増えた一因である。じつは、そのスペシャルマーキングの火付け役は日本の「マリンジャンボ」だという。

ＡＮＡ（全日本空輸）の乗客５億人突破を記念して機体のカラーデザインを全国の小・中学生から公募。選ばれた巨大クジラと海の仲間たちのデザインが描かれたジャンボ機が１９９３年秋、空を華々しく彩ったのが最初である。このマリンジャンボは大好評を博し、世界中にスペシャルマーキングのブームを呼ぶことになったのだ。

そのマーキングにもいくつかパターンがある。自社の何周年記念など節目を記念したものや、新サービスのプロモーション、変わったところでは異業種の広告もそのひとつだ。

日本ではじめての旅客機広告は１９９７年に日本エアシステムが採用したポカリスエットだった。さらには国家主導の観光キャンペーンや映画、アニメとのタイアップなど、個性を競うかのようにスペシャルマーキング機が登場している。

その反動からか最近ではレトロカラーが増加傾向にある。かつての塗装を再現した、古きよき時代のシンプルなカラーリングがかえって流行しているという。

さらに色だけではなく、尾翼デザインを複数化するなど、各航空会社ともさまざまな方法で個性をアピールしているようだ。

右翼の先端のライトは緑色なのに左翼の先端は赤色なワケ

夜、上空を飛んでいる飛行機が、ピカピカと赤や緑のライトを点滅させているのを見たことがあるだろう。機体には、たくさんのライトが取り付けられているが、これらのライトの色にはどんな意味があるのだろうか。

まず、左右の主翼の先端と胴体の最後尾についている航空灯は、「ナビゲーションライト」といい、夜間でも飛行機の進行方向がわかるようになっている。左側の主翼の先端には必ず赤のライト、右側には緑のライトと決まっているのだが、これには意味がある。

飛行機は秒速約２５０メートルという速さで飛んでいる。

もし、別の飛行機が自分の乗っている飛行機に接近した場合、衝突を避けるためパイロットは、別の飛行機が左に進むのか、右に進むのか、それとも上下に進むのかをすぐに見きわめて操作しなければならない。

◆旅客機のライト

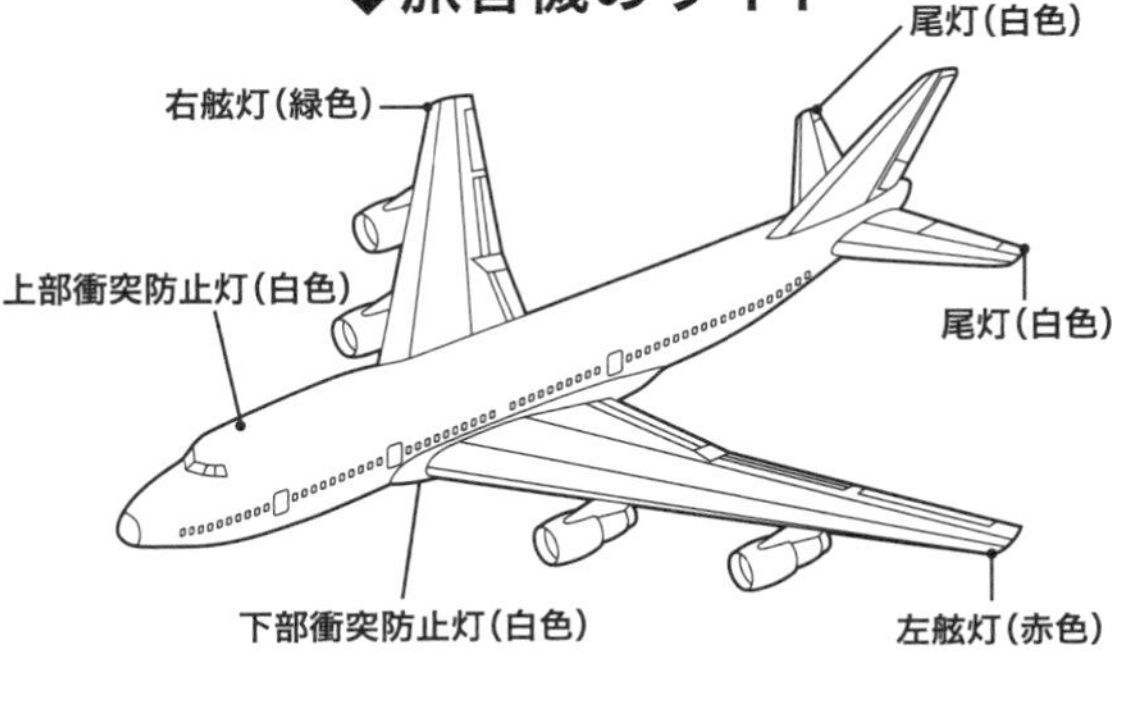

なにしろ、この飛行機がこちらに向かってきているとしたら、250の2倍である秒速500メートルの速さで接近していることになるのだ。このときに役立つのが、主翼の先のライトなのだ。

前方の飛行機が向かって右に赤のライト、左に緑のライトを付けていれば、その飛行機は自分の機のほうに向かって飛んでいるとわかる。

もちろん、飛行機は地上の管制塔からの無線や衝突回避装置によって、接近しないようにコントロールされているが、このライトの色を見れば、パイロット自身の目で他機の進行方向を確認することができるわけだ。

そのほか飛行機に付いているライトは、機体の上と下で点滅しているのが、衝突防止灯。着陸灯は「ランディングライト」といい、飛行機が着陸体勢に入ったときや、航空機の多い空域で点灯する。昼間でもかなり遠いところから識別できるという。

地上滑走灯は夜間に飛行場内を移動するときに使われ、「タクシーライト」ともいう。このほか垂直尾翼のマークを照らすロゴ灯、胴体側面にあり、主翼面を照らす翼照明灯などがある。

このように、あの小さなライトにも、真っ暗な夜間に飛行機の位置や進路を知らせるという重要な役割があるのだ。

何気なく使っている「飛行機」と「航空機」いったい何がちがうのか？

「飛行機」と「航空機」。ふだん何気なく使っている言葉だが、厳密には定義が異なる。

そもそも航空機の定義とは、人が乗って空中を飛行できる乗り物のこと。つまり空を飛ぶ乗り物のほぼ総称をあらわしているのだ。対して飛行機は、エンジンを動力として翼に生じる揚力で飛ぶ乗り物をさす。

たとえば気球や飛行船のように、空を飛ぶ乗り物にはエンジンをもたないものも意外と多い。これらは航空機であっても、飛行機ではない。したがって、翼をもつが動力をもたないグライダーは飛行機とは呼ばない。

つまり飛行機は、航空機の一種ということができる。飛行機を航空機と言い換えることはできるが、その逆は必ずしもできるわけではない。

さらに、航空機は軽航空機と重航空機とに分類される。

このうち重航空機は、翼に生じる揚力で飛ぶもののことで、飛行機はヘリコプターなどと同じくこの分類に入る。そのなかでも飛行機は固定翼機、回転する翼をもつヘリコプターは回転翼機と呼ばれる。

軽航空機には空気より軽いガスの浮力で浮く気球や飛行船が分類される。

ただし、空を飛ぶ乗り物とされる航空機にも例外はある。

ロケットもそのひとつ。ロケットも空を飛ぶものには違いないが、宇宙空間を飛ぶものは航空機に含めない場合が多いのである。

フライト1回ぶんでドラム缶900本！ これほどの大量な燃料をどうやって給油する⁉

巨大な飛行機は燃料の量もケタ違い。そのため給油の量やそれにかかる時間も半端ではない。142ページでも紹介したが、最大の給油量は国際線なら18万リットト

主翼の下側の給油口にホースをつないで給油するサービサー。（写真提供／ANA）

ル、国内線なら1万2700リットルで、それぞれドラム缶900本ぶん、63本ぶんに相当する。給油時間も国際線は約1時間、国内線は約20分もかかるという。

では、主翼の中にある燃料タンクに、これほどの量の燃料をどうやって給油するのだろうか。

基本的に旅客機の給油は空港で行なわれる。旅客機の燃料は貯蔵タンクから空港の地下のパイプラインを通って、パイプラインの出口であるハイドラントピットまで運ばれる。そのピットから主翼の燃料タンクへと燃料が送り込まれるのだ。

それを送り込む役割が「サービサー」と呼ばれる車両である。サービサーのホースの片方をハイドラントピットに、もう一方を翼の給油口につないで給油する。まさに動くガソリンスタンドといったところ。サービサーの内部には燃料の水分を除去して、送り込む装置も取り付けられている。

ところが、ハイドラントピットのない駐機場もある。

この場合は、「サービサー」の代わりに「レフュラー」と呼ばれる燃料タンク車が、ほかのピットから翼まで何度も往復して燃料を運ぶ。ただし、レフュラーのタンクの容量はかぎられているため、飛行機が大きければ何往復もする羽目になってしまう。

そのため、前者は燃料を大量に必要とする便や飛行機、後者は少量の燃料補給などと使い分けているようだ。

給油作業もなかなかダイナミックである。

汚れを落とすだけじゃない！機体清掃のもうひとつの理由

最近の機体は色とりどりで目を楽しませてくれるが、どれもピカピカに磨き上げられている。フライトのあとは雨や塵で相当汚れるものだが、そんなことはみじんも感じさせない美しいボディを見せてくれる。

もちろんこの美観保持のかげでは、せっせと職員が清掃をしている。だが、機体の清掃は美観のためだけにしているわけではない。腐食防止のためにも欠かすことができないのだ。

とくに冬の積雪時に滑走路に撒《ま》く融雪剤《ゆうせつざい》の付着は腐食につながるため、ケロシンなどを使って丁寧にクリーニングする。清掃の積み重ねが、機体の長持ちにつながるのである。

清掃は、おもに飛行機が運航しない夜間に行なわれる。会社によっても異なるが、通常5日ごとに行なうドライ・クリーニングと、45日ごとにアルカリ洗剤で清掃するウェット・クリーニングとがある。

当然、航空機の清掃はかなり大がかりなものだ。

このうちウェット・クリーニングはボーイング777などの大型機ともなると、15〜20人がかりでモップなどを使って3時間程度かけて行なう。この手洗いの洗浄に使う水は25トン、洗剤は50キログラムにもおよぶという。

水は浄化して再利用されるというが、まさに何から何まで規模がジャンボである。

ただし、最近ではコンピュータ制御の自動洗浄装置が登場し、5人で100分くらいですむようになった。

これは各ユニットに付いたブラシが回転して洗浄していく装置で、時間も人手も大幅なコスト削減を実現している。

機体の清掃にも技術革新が進んでいるのである。

注目の未来機・ボーイング777Xは、折りたたみ式の翼だった!

飛行機の場合、新型機は開発段階から注文し、購入するのが一般的である。われわれが、お店で新商品を見て取って吟味し、購入を決める買い物とはちょっと違う。

2020年に就航が予定されていたボーイング777X（開発仮称）は、2013年秋、計画が発表されるとたちまち世界中から250機を超す空前のオーダーが舞い込みニュースになった。1機の値段は約350億円。ざっと9兆円の大商《おおあきな》いである。

いったいなぜ、それほど航空会社から人気があったのか。

人気の秘密はほかでもない、運航コストにある。777Xには、777-8X、777-9Xの2つのモデルが用意される予定で、777-8Xは座席数が350席で、航続距離1万7220キロメートル。777-9Xは座席数が400席、航続距離が1万5185キロメートルだ。従来機種と比較し、燃費効率が20%も向上する。

対抗機種になるエアバスA350XWBに比べても、燃費で12%、運航コストは10%も勝るといわれる。

この未来機は、「座席あたりの運用コストが、あらゆる商用飛行機の中でももっとも低い」という、航空会社にとっては喉から手が出るほど欲しい逸品なのである。

その高い効率性を生むカギが主翼の構造にある。71メートルという両翼幅が、性能と燃費効率を大幅に押し上げている。従来機に比べ6メートルも長い主翼でありながら、軽量化も実現している。問題は、主翼が長すぎてそのままでは最大65メートルに調整された国際空港の格納ゲートに入らない点だ。

そこで考えられたのが、なんと翼を折りたたむアイデアだった。翼の両端3メートルずつを内側に折りたたむ方式が採用されている。

翼を折りたたむなど、われわれのイメージからするとちょっと心配にもなるが、専門家によれば、複雑なシステムは用いておらず、タイヤの着陸装置と変わらないシンプルな機構なので問題ないとしている。

しかし、エンジン開発の遅れと世界に蔓延した新型コロナウイルス感染症の影響で生産体制の見直しを迫られ、納入は2025年まで延期されている。

第5章

航空ルール

航空業界ならではの意外な常識

乗客の生死を分ける緊急脱出時の「90秒ルール」とは?

乗客の生死を分ける緊急脱出時の「90秒ルール」とは？

２００７年8月、乗客乗員１６５人を乗せた中華航空機が、那覇《なは》空港に着陸したとたん爆発、炎上するという事故が起きた。危機一髪の脱出劇は当時大きく報道されたが、乗客たちの命を救った「90秒ルール」に注目した人も多いのではないだろうか。

旅客機は火災発生の場合、機内の全非常用脱出口のうち半数の出口を使って、90秒以内に全乗客乗員が脱出できるように設計されている。事故発生時に、全部の出口が使えるとはかぎらないため脱出口の半数以内と決められている。これは航空機メーカーに課せられた国際的なルールで、たとえ定員５００人以上の大型旅客機でも同様である。

なぜ90秒なのかというと、飛行機では火災が発生してから2、3分で爆発するケースが多いからだ。脱出検査でも90秒以内に脱出しないとパスできない。

その脱出に使われるのが、滑り台のようなエスケープスライドだ。通常はドアや翼上の非常口に収納され、非常時にはこれを滑って脱出する。

また飛行機は海の上に落ちるかもしれない。そのため「救命ボート」が装備されている機体もある。漂流用としても使えるように、水や食糧、テントまで用意されている。

旅客機には、これ以外にもアクシデントに備え、消火器、医薬品はもちろん救命胴衣、酸素マスクなども装備されている。

また、航空機では、緊急時には客室乗務員が保安要員となる。客室乗務員も事故が起こりやすい離発着時にはとくに注意をはらい、いざというときは乗客をすみやかに誘導するように教育が徹底されている。

夜間の離着陸時に必ず客室の明かりを消す深いワケ

旅客機に乗るたびに不思議に思うのだが、夜間の離陸時と着陸時には必ず機内灯を落とし、暗くする。なぜ、わざわざそのようなことをするのだろうか。離着陸にはフライト時より電力を使うとでもいうのだろうか。

じつはこの理由は、人間の目の性質にある。

人の目は暗さや明るさに少しずつ慣れていくようにできている。急に真っ暗なところに入ると、目が慣れるまで、しばらく何も見えない経験は誰にでもあるだろう。これを暗順応《あんじゅんのう》というが、完全に順応できるまで、約30分かかるといわれる。

離着陸時に機内を暗くするのは、この人間の目の性質を考慮したものなのだ。

というのも、もし夜間飛行中にトラブルが生じたら、緊急脱出をしなければならない。当然、その際は一秒の遅れでも命取りになりかねない。ところが、明るい機内から暗闇の世界へ突然出たために、みんな暗順応を起こして脱出にとまどったりしては大変だ。

そのため、もっとも事故の起こりやすい離着陸時には、あえて機内を暗くしておき、あらかじめ乗客の目をならしておくのである。

これはパイロットも同じで、夜間飛行中のコックピットの明かりは最小限にとどめ、明るい光線を浴びないように工夫されている。

4……フライトごとに変わる飛行ルートは誰がどうやって決めているのか？

ひと口に東京～ハワイ間の飛行ルートといってもいくつもある。もちろん、ただ単に近道を選ぶわけではない。ルートや飛行高度はフライトごとにちがう。偏西風など季節特有の気象条件や当日の天候、ほかの旅客機の運航状況などに応じて、最適なものを選ぶのだ。このようにフライトごとに運航計画を立てるのがディスパッチャーと呼ばれる人たちだ。

運航管理を担うディスパッチャーは出発地や目的地、気象などを調べて安全で効率のよいコースを見定める。そして、燃料や荷物の重量、その位置まで把握して重量バランスを考慮しながら、フライトプラン（飛行計画書）を作成していく。

飛行計画書とはルートや高度はもちろん、距離や時間、燃料の消費、風速なども数値で簡潔に示されたものだ。

次に、この飛行計画書をもとに、空港でパイロットとブリーフィング（打ち合わせ）をする。これは作成したディスパッチャーが行なうこともあれば、別の人が行なうこともある。簡潔にまとめられた計画書にもとづき、なぜこのルートにしたのかをひとつひとつパイロットに説明。パイロットが承認することでルートが決定する。

また、悪天候などの際に運航の中止を判断するのもディスパッチャーの大事な任務で、責任も重大である。離陸後も、無線で最新の気象情報や上空の様子などを確認して、何かあればルートの変更などを指示する。フライトが無事終わるまで気が抜けない大変な仕事なのだ。

まさにディスパッチャーは〝地上のパイロット〟ともいうべき存在なのである。飛行機はそうした地上組の緻密な計画やバックアップがあってこそ、安全な運航が可能になるのである。

出発前の機内アナウンス「ドアモードの変更」とは？

旅客機が着陸してブリッジにたどり着いたとき、機内に「乗務員はドアモードをディスアームド・ポジションに変更してください」というアナウンスが流れる。するとと、客室乗務員がドアに向かって何か作業を始める。これを、ドアのロックをはずしているのだと思う人もいるようだが、そうではない。

キャビンのドアの内側には緊急時の脱出用の救命ボートが収納されている。緊急時にドアを開けるとわずか10秒で自動的にガスが充填《じゅうてん》され、救命ボートが膨らむしくみになっている。

もちろん、ふだん乗客が降りるときにドアを開けても、救命ボートが出てくることはない。機が着陸して乗客を降ろすとき、ドアを開けた途端に救命ボートが出てきたら、ボーディングブリッジが接続されているので大変なことになり、外にいる人に危険をおよぼす。

そのために、着陸する前にドアモードを解除して救命ボートが飛び出さない状態にするのである。この状態を「ディスアームド・ポジション」または「マニュアル・モード」という。ドアに鍵をかけているように見えるのは、緊急脱出装置を解除するためにドアモードの設定を変更しているためだ。

反対に、離陸前には、乗務員はドアモードを緊急脱出装置が作動する設定にする。

この状態を「アームド・ポジション」または「オートマチック・モード」という。このドアモードの変更は、離着陸時に客室乗務員が手作業ですべてのドアに行なっているのだ。

ドアモードを設定し忘れたまま飛び立つと、緊急時に脱出シュートが機能せず、生命の危険にもつながることになる。実際、過去にこの操作を忘れたまま離陸して問題になったことがある。そのため各社はこのドア操作を厳しくチェックし、ミスが絶対にないよう万全の体制をとっている。

飛行機の整備には機種ごとに資格がいる！

2007年8月に那覇空港で発生した中華航空機の爆発事故。この事故の原因は、可動翼の部品のボルトが、着陸時にはずれて燃料タンクに突き刺さり、燃料漏れを起こしたためだとされている。あらためて整備士が多くの人命をあずかっていることを知らしめてくれた事故であった。

そんな航空整備士の仕事には、大きく分けて3つある。

ひとつは運航整備（ライン整備）で、飛行機が空港に到着して再び次の飛行に向かう1〜2時間に、機体の状態をチェックする作業で、1機につき3人ほどで行なう。ほかに、200〜600時間飛行した飛行機を、一晩がかりで10人ほどで点検する定期整備もある。

2つ目は機体整備（ドック整備）で、3000〜6000時間飛行した機や4〜5年たった機を1週間〜1か月かけて綿密に点検する。これは数十人の整備士が、各パーツをバラバラにして念入りに行なう。

3つ目は、工場整備（ショップ整備）で、問題があった装備品を専用工場で修理する作業だ。もちろん、工程はエアラインや機種によっても点検の基準はちがってくる。

これらの整備で、飛行機が安全だという判断を下せるのは国家試験に合格した2等と1等の航空整備士だけだ。1等航空整備士になると、旅客機のような大型機の整備もまかせられる。ただし、この資格をひとつ取っても、全機種の整備責任者になれるわけではなく、機種ごとに資格を取らねばならない。かつてジャンボジェットのボーイング747の資格をもっていた整備士でも、その後に登場したボーイング777の整備責任者になるには、この機種の資格を新たに取る必要がある。

整備士も、つねに最先端技術を学び続けなくては、空の安全は担えないのだ。

航空会社が共同で飛行機を飛ばすコードシェアってなに？

コードシェアとは飛行機の共同運航のこと。つまり2社以上の航空会社が共同で航空輸送を行なうことだ。共同運航の形態にはさまざまな形があるが、1社が機材や乗務員を提供し、もう1社がサービス面を提供して、座席は比率に応じて配分するパターンが多い。

ただし最近では一方が機材からサービスまですべてを提供。もう1社が便名（コード）だけをシェアして座席を配分する方式が増えているという。

そもそもコードシェアは、1986年、航空会社の資金やコストなどの負担を削減するためにはじまった。国際線の場合、双方の国の航空会社2社が運営するほどの需要が見込めない場合、２社が共同運営することによって機材やコストにかかる費用を節約できる。

このようなメリットから、昨今では各社とも自社のフライトを補完するために積極的にコードシェアを進めている。

航空会社にとってメリットの多いコードシェアだが、一方で乗客にとっては不便な面もある。

たとえば、同じ便のチケットを２つ以上の航空会社で販売するため、航空会社ごとに搭乗手続きを行なうことになる。そのため同じ便に乗る人に続いてチェックインカウンターに並んでいたら、自分が手配した航空会社ではなく、もう一方の会社のカウンターだったというケースも起こる。

また、日本の航空会社とのコードシェア便に乗ったところ、海外の航空会社の乗務員だったため日本語がわからず困惑したという話も聞く。もちろん仕方のないことなのだが、事情を知らないととまどう人もいるだろう。日本の航空会社のほうが安心だという人は、あらかじめ機体や乗務員がどこの航空会社なのかを確かめてからチケットを購入するようにしたほうがいい。

旅客機のシートに課された厳しい安全基準とは？

旅客機のシートは、なんといっても、座り心地、寝心地のよさと、安全性が第一条件だ。各社ともファーストクラスのシートは豪華だが、基本的構造はエコノミークラスのシートと同じである。旅客機のシートは、まず安全基準をクリアしたものでなければならず、その安全基準に関してはどのクラスのシートであっても同じだからだ。

この基準は国によって異なり、日本では、国土交通省が定めた基準にパスしたシートだけが機内にとりつけられる。

第一に求められるのは、衝撃が加わっても壊れない強度だ。強度の基準は、固定したままで重力加速度が前方9G、後方1・5G、上方3G、下方6Gに耐えられることが条件である。さらに、不時着などの衝撃に対して前方に16G、下方は14Gまで耐えられるという条件も課せられている。

１０２ページでも述べたが、Ｇとは地球の重力加速度の単位だ。ふだん地上でわれわれにかかっているのは１Ｇ。２Ｇは自分の体重の２倍の力がかかることになり、16Ｇなら体重の16倍の力を受けることになる。

人によって体重が違うから荷重の大きさも異なるが、安全基準では、体重77キログラムをもとに計算している。つまり、前方に対して77×16＝１２３２キロの荷重に耐えられることが条件になっている。

戦闘機のパイロットがアクロバット飛行で受ける重力の限界が９Ｇで、それ以上になると心臓が停止するというから、この16Ｇがどれほどの荷重かわかるだろう。荷重にはシートの重さも加わるので、シートの素材には強度だけでなく軽さも求められる。そのため、骨組みはアルミ合金でつくられている。

そのうえ、シートには厳しい耐火基準が課せられている。火災が起きても燃えにくく、有毒ガスや煙が出にくい素材が求められるクッションには、不燃性の高いポリウレタンフォームや炭素繊維、カバー生地には燃えにくいウールが使われている。

こうした厳しい基準をパスした座席が、乗客を快適かつ安全にくつろがせてくれているのである。

覚えておくとおもしろい！客室乗務員が機内で使う〝CA用語〟

どの職種にも、業界内でのみ使われる専門用語がある。これは航空業界も同じで、注意深く聞いていると客室乗務員同士が「ダイバートします」「今日は3レグよ」などと話しているのを耳にすることができるだろう。

「ダイバート」とは代替空港に着陸することであり、「レグ」とはフライトの数え方。たとえば1日に関西空港〜伊丹空港、伊丹空港〜羽田空港を乗務すると2レグという具合だ。

この専門用語には船に関係する言葉も多く、航空業界では飛行機を「シップ」、機長を「キャプテン」と呼んでいる。

なかにはわりと知られている言葉もあり、乗客の搭乗開始を「ボーディング」、離陸を「テイクオフ」、着陸を「ランディング」という。

また、おもしろいことに航空業界ではアルファベットは特殊な読み方をする。というのも、世界各国を相手にする航空業界では、アルファベットを使うことが多い。しかしBとDや、LとMでは聞き間違いも発生しやすい。指示などを間違えたら大変だ。

そのため、アルファベットを単語に置き換えたコードをつくっているのだ。これには航空会社やパイロットと客室乗務員用の2種類があるという。

客室乗務員用では、たとえば、Aはアルファ、Bはブラボー、Dはデルタなどという具合である。

だから客室乗務員は機内の座席番号でもこのコードを使う。

客室乗務員同士が「15のチャーリーに紅茶運んでくれない？」と話していても、決して知り合いのチャーリーさんのことではない。これは15-C席の乗客のことである。

こんど飛行機に乗ったら、耳を澄ましてみてはいかがだろうか。

飛んでいなくても出発している? 出発時刻の不思議

旅客機に乗った際、時刻表と機内アナウンスで流れるフライト時間が異なることに疑問をもった経験はないだろうか。

じつは飛行機の運航に関する時間には、フライトタイムとブロックタイムという2種類がある。

機内でアナウンスされる「フライトタイム」はいわばその名の通り、空を飛んでいる時間。離陸してから着陸するまでの時間を指す。

これに対し、ブロックタイムとは滑走路を走っている時間も合わせて、動いている時間を指す。ドアが閉められて、車輪が動きだしたときが出発時刻、そして地上に停止したときが到着時刻ということになる。

一般に時刻表などの出発時刻と到着時刻は、ブロックタイムのはじまりと終わりを指している。つまり、ブロックタイムは滑走路を走るぶんだけ、フライトタイムより長く設定されているわけだ。

そのため、滑走路を時間通りに動きだせば、なかなか飛び立たなくてもブロックタイム通りの出発ということになるのだ。

ちなみに、時刻表はその時期の平均的な気象状況などから時間を算出している。ただし、前述したように旅客機はフライトごとにルートが異なるので、時間通りに到着しないケースも少なくない。

その点、機内アナウンスのフライトタイムは当日の状況から算出した時間を知らせてくれるので、当然より正確である。

なお、日本の時刻表は9時10分発、9時15分発と5分刻みの設定になっているが、国によっては23分発など1分刻みの設定もある。

なぜLCCは驚異の激安運賃を実現できるのか？

2007年頃から日本の航空業界に続々参入しはじめたLCC（ローコストキャリア）は、その名の通り、目をみはるような低価格運賃が魅力である。しかしなぜ、そこまでコストを抑えることが可能なのか。

よくいわれているのが、徹底した機内の効率化である。機内はエコノミークラスのみの構成にして、座席も一般に比べてやや狭くする。こうすることで一度に多くの乗客を運ぶことが可能になる。

また、食事やドリンクサービス、機内での映画視聴などエンタテインメントサービスも原則、有料にすることで、1機当たりの客室乗務員数を減らすことができ、人件費を抑えられるというわけだ。

もうひとつは、空港でのコスト削減だ。ボーディングブリッジを使わなくてもすむようにターミナルから離れた場所に駐機したり、使用料の安い地方の空港を利用したりする。ターミナルから離れて駐機している場合、搭乗機までバス移動が一般的だが、航空会社によっては乗客が徒歩で向かわなければならないこともある。

さらに、運航する航空機の機種を1種類に統一することもコスト削減に一役買っている。同じ機種に絞ることで機種ごとに資格が必要なパイロットの運用を効率化することができ、整備の面でも部品のストックをその機種のみに限定できるので、無駄を排除できるのだ。

低価格運賃実現のために、現場だけでなく、自社オフィスも徹底した削減を行なっているＬＣＣもある。

目に見える部分だけでなく、目に見えない、つまりオフィスでの涙ぐましいコスト削減と節約があって、はじめて低価格運賃が可能となるわけだ。

こんな話を聞くと、「機体も中古を使っているのでは？」と不安に思う人もいるかもしれない。事実、レガシーキャリア（大手航空会社）のほうが、ＬＣＣより安全だと思い込んでいる人は多いようだ。

しかしこれはまったくの誤解である。

実際、ＬＣＣの多くは新造機を用いている。新造機ほど操縦システムが簡素化されており、古い機種より安全性は格段に高くなる。

前述のように、ＬＣＣでは機種を１種類に絞ることで、機材のメンテナンスを容易にし、そこでコストダウンを図っている。

整備においてもＬＣＣだからといってチェックすべき工程を省略できるわけではない。そもそも法令要件にのっとって整備しなければ、飛ばすことすらできないからである。

正規運賃チケットの知られざるメリットとは?

いまや航空券は割引されて当たり前の時代である。正規料金で買う人は少ないだろう。旅行会社なども格安航空券を販売しているうえに、各社の価格競争も熾烈で、ネット割引や、全国どこへでも1万円といったバーゲン型の超割やバースデー割引などさまざまな割引サービスを行なっている。

そのため、正規運賃、通称ノーマルチケットの必然性はだんだん低下している。ところが、あまり知られていないがノーマルチケットには割引航空券にはないメリットがあるのだ。

ノーマルチケットは、エコノミーでも、割安運賃と比較するとかなり割高だが、そのぶん利便性が高い。

まず有効期間が1年と、とても長いのだ。しかも当日購入が可能だ。

ほかにも予約便の変更が何回でもできるうえに、他社便への乗り換えや払い戻しが可能で、さらには途中の降機が自由といったメリットがある。

つまりは複数の航空会社を組み込んで、東京〜香港の航空券で、東京、沖縄、台北、香港という旅行も楽しめる。

一方格安航空券は有効期間が数日からせいぜい２か月程度。途中降機不可、予約便の変更不可、キャンセル料発生など制約が多い。

したがって、使い方によっては正規料金のほうがお得な場合があるので、チケットを購入する前に、比較検討してみてはいかがだろうか。

人気沸騰！「ガルフ3社」と呼ばれる中東航空会社その贅沢な魅力

日本から欧州に行く際に利用する航空会社の中で、高い人気を誇るのが「ガルフ３社」と呼ばれる中東勢である。エミレーツ、エティハド、カタールの３社だ。日本人ビジネスマンの間でもヨーロッパへ向かう際、この中東系３社を選ぶ人が多い。

理由は、突き抜けたその豪華さとサービスにあるようだ。

いったいどんなサービスなのか、エミレーツ、エティハドを例に、その具体的なサービスを見てみよう。

エミレーツ航空のエアバスA380のファーストクラスには、電動式のスライディングドアを備えた個室型のキャビンが用意され、ひとり静かに過ごせるようになっている。機内にラウンジスペースがありオードブルを楽しめ、フライト中に熱いシャワーを浴びることも可能である。なんと機内にシャワースパが設置されているのだ。もはや飛行機に乗るというより、ホテルに宿泊する感覚である。

エティハド航空も負けていない。2003年の設立というまだ若い航空会社だが、こだわりは機内の豪華さだけでない。「出発地から目的地までが空の旅」というコンセプトのもと、地上のサービスにも力を入れている。アブダビ空港と宿泊先の送迎には、リムジンによる送迎サービスを行なっている。空港での待ち時間は、豪華ラウンジでスパサービスを受けながら過ごすことができる。さらに、子ども連れの旅行者には、専用のファミリールームを備えたラウンジがあるといった具合だ。まさに至れり尽くせりのサービスである。

カタール航空も、その徹底したサービスクオリテイで知られている。世界的に定評のある国際運輸調査機関スカイトラック社により「5つ星エアライン」に認定されている。

このように中東勢の豪華サービスが際立っているのだが、「なぜ、これほどのサービスをしてビジネスとして成り立つのか」と不思議になるのも、また事実である。国の原油収益からあがるその潤沢な資金を使って、国家戦略として「ガルフ3社」をバックアップしているのではないか――。そんな噂もささやかれているが、実態は不明である。

飛行機を1機ももっていない航空会社がある！

航空会社といえば、自社の旅客機を飛ばしているというイメージがあるが、なかには飛行機を1機ももたない会社もある。

ではどこから飛行機を調達してきているのだろうか。

それはリースである。飛行機には、購入費はもちろんのこと、維持費や買い替えなど莫大な経費がかかる。その点、リースなら機材の導入など、初期投資が少なくてすみ、新機への切り替えも容易になるなどメリットが大きいのだ。

リースにはファイナンスリースとオペレーションリースがある。

ファイナンスリースは、航空会社の代わりに飛行機を購入し、リースする。その期間にリース会社は航空会社から購入代金や手数料などを回収する。機材は航空会社の希望する仕様のものだが、そこだけのためにつくられた機材だから途中解約はできない。航空会社は結局、航空機導入と同じ金額を払うことになり、手数料などのぶんだけ割高にもなる。ただし、ローン支払いと同じで、支払い条件などを柔軟にできるメリットがある。

これに対して1980年代から台頭したオペレーションリースは、いわばリース会社がもつ機材を一定期間だけ借りる方式だ。たとえば、ピークシーズンだけなど、必要なときに利用できるので便利だ。リース会社も旅客機1機を使い回すことができるので効率がいい。ただし受注製造のファイナンスリースと違い、借り手がない場合は、高い機材が眠ったままになってしまう。

さらに他社から機体のみ借りるドライリースや、乗務員もともに借りるウェットリースなどもある。

飛行機を乗り物としてではなく、金融商品として扱ったこの航空業界のリースは１９８０年代以降に始まるとともに注目を集め、現在、広く用いられている。

アメリカ上空で生まれた日本人夫婦の赤ちゃんの国籍は？

飛行機に乗っていた妊婦が、急に産気づいたら……。たまたま医師や看護師が乗り合わせていたり、客室乗務員の適切な処置で無事に出産したとする。この飛行機が国内線ならめでたしめでたしですむのだが、国際線だった場合は国籍の問題が出てくる。赤ちゃんの国籍は、どうなるのだろうか。

この疑問を解くポイントは「飛行機がどこの国に属しているか」にある。つまり「飛行機の登録国＝国籍」がルールとなる。このルールはコードシェア便の場合でも変わらない。実際に搭乗していた飛行機がどこの国の飛行機かで、やはり決まってゆく。たとえば、日本人がアメリカのサウスウェスト航空の中で赤ちゃんを産んだ場合、アメリカ国籍を取得できる。では、赤ちゃんはアメリカ人になるのかというと、もうひとつ、そこにそれぞれの国の出生の考え方も加えなければいけない。日本人の場合、日本の法律は〝血統主義〟をとっているので、両親のどちらかが日本人ならば、赤ちゃんは日本の国籍を取得できる。この場合、赤ちゃんはアメリカ国籍と日本国籍の両方を取得できることになる。

つまり、この赤ちゃんは2つの国の国籍をもつ〝重国籍者〟になるのだが、その場合は、3か月以内に出生届を出すとともに、その届け出の「日本の国籍を留保する」という欄に署名、押印して意思表示をしなくては日本国籍を失う場合がある。

また、その赤ちゃんは22歳に達するまでに、どちらかの国籍を選択することになる。選択しない場合は、これも日本国籍を失うことがある。

なぜ政府専用機は必ず2機が一緒に飛ぶのか?

かつては皇室関係者や政府要人が外国訪問するときは、JALとANAが交互に機を提供していたが、1991年、ようやく日本にも政府専用機が誕生した。尾翼に大きな日の丸をあしらったもので、機種はボーイング747-400のハイテクジャンボだった。

ボーイング社は、世界各国が所有する大型の政府専用機や国家元首専用機のシェア8割を誇り、日本もその実績を買って機種を決めたという。

その後、2019年からはボーイング777-300に替わり、運用されている。

専用機の内装は特別仕様。首相執務室や随行員のための事務室や会議室、同行記者団との記者会見のための部屋まである。

この専用機のフライトは海外便ではあるが、使われる空港は羽田空港だ。皇居、首相官邸はじめ国会関連施設が都心にあって、移動に便利なうえ警護も固めやすいところから羽田が使われている。

外国の要人が訪日するときも同じで、羽田空港にはその離着陸のための専用駐機場が整備されている。機体から下ろされたタラップの下に赤じゅうたんの通路がつくられ、要人がそこを歩き、両側に見送りや出迎えの人がズラリと列をつくるという光景でおなじみの場所である。

さらに、政府専用機のパイロットも機内サービスを担当する客室乗務員も航空会社の人間ではない。航空自衛隊の自衛官で、千歳基地に所属する特別航空輸送隊が担当している。専用機もふだんは千歳基地に駐機、海外フライトの日程が決まると彼らが乗務して羽田へ飛んで行き、そこから海外へ向かう。

この専用機、じつは2機ある。1機は予備だが片方がフライトしているとき千歳で待機するのではなく、必ず2機一緒に飛ぶ。万が一の故障などが発生した場合にも日程が狂ったりしないよう、代用機としてずっと同じ航路を並んで飛ぶのだ。もちろんトラブルに備えて、整備担当の自衛官も同行している。

管制塔との会話は日本人同士でもすべて英語で話さなければいけない理由

絶え間なく飛行機が離着陸する大型空港は、つねに過密状態である。空港内のエプロンはもちろん周辺の上空には、飛び立ったばかりの旅客機、着陸を待つ旅客機などが飛び交っている。このような状況で、飛行機同士の接触事故が起こらないように、交通整理するのが空港の管制塔だ。管制塔は空港建物の最上階にあって、航空管制官が肉眼とレーダーを使って機体の位置を確認、離着陸をコントロールする。そればかりか、札幌・所沢・福岡・那覇にあるレーダーで日本列島上空の航空機の飛行状況をつねに把握し、飛行中のパイロットに指示を出している。

離陸においては、エプロン（２０７ページ参照）から滑走路へ出る許可を出し、どの誘導路を使って向かうか、いつ飛び立つかのタイミングを教える。飛び立ったあとも空港上空でのニアミスなどが起こらないよう、きちんと航路に乗るまで誘導する。着陸では、空港に近づいた航空機に高度を下げるタイミング、どの滑走路にどちらの側から進入するかなどの指示を出す。これらはすべてパイロットと無線による交信で行なわれ、英語を使うことが決められている。

空港付近の上空をフライトする航空機は、すべてこの管制塔の無線に周波数を合わせているから、自機以外の航空機の状態も知ることができる。そのため彼らの航空機がどこの国のものであっても無線内容が理解できるよう、英語を公用語と定めたのである。これは、日本のローカル空港における日本人の管制官、日本人のパイロット同士でも変わらない。

国土交通省航空局の管轄下にある管制官に対して、英語によるコミュニケーション不足から事故を招きかねないという理由で、２００７年から英語力強化の試験が課されることになった。もちろん、無線で指示を受けるパイロットにも英語力が求められる。なお、管制官は全員国家公務員である。

肥満の人には逆風？ 体重別運賃を取り入れた航空会社がある！

「運賃は荷物も含めた〝量り売り〟で決められ、軽ければ軽いほどおトク」「公平ばかりか、ダイエットにもなる」――。２０１２年、こんな宣伝文句で、世界初・驚きの体重別運賃制を採用したのは、南太平洋の島嶼国《とうしょこく》・サモアのサモア航空である。

世界中のメディアがこのニュースに飛びついた。米ＡＢＣテレビは「高騰する燃料代に対処するため一考に値する」という経済学者のコメントとともに報じた。ＣＮＮは「プライバシーに問題がある」という関係者の意見を伝えた。

サービスを始めたサモア航空は、南太平洋の島々を結ぶローカル航空会社。体重別は２０１２年11月にスタートし、２０１３年の４月から国際線でも導入した。チェックイン時に乗客と荷物の重さを測定し、行き先別に決められている「キロ当たり単位」から料金を算出する。じつに明朗な会計だ。

じつはＷＨＯ（世界保健機関）によると、サモアの肥満率は世界トップクラス。サモアだけでなく、南太平洋の島々は肥満の人が多いことで知られ、事実、肥満による病気も増えている。

体重別運賃の導入後、「太った人への差別を助長する」との批判があったものの、総じてこの「明朗会計」について、乗客の反応は悪くなかったようだ。

サモアの保健省も、体重別運賃制度が健康増進に一役買うと期待を示しているという。

第6章

空港

知られざる離着陸の決めごと

なぜ滑走路の向きは空港によってまちまちなのか？

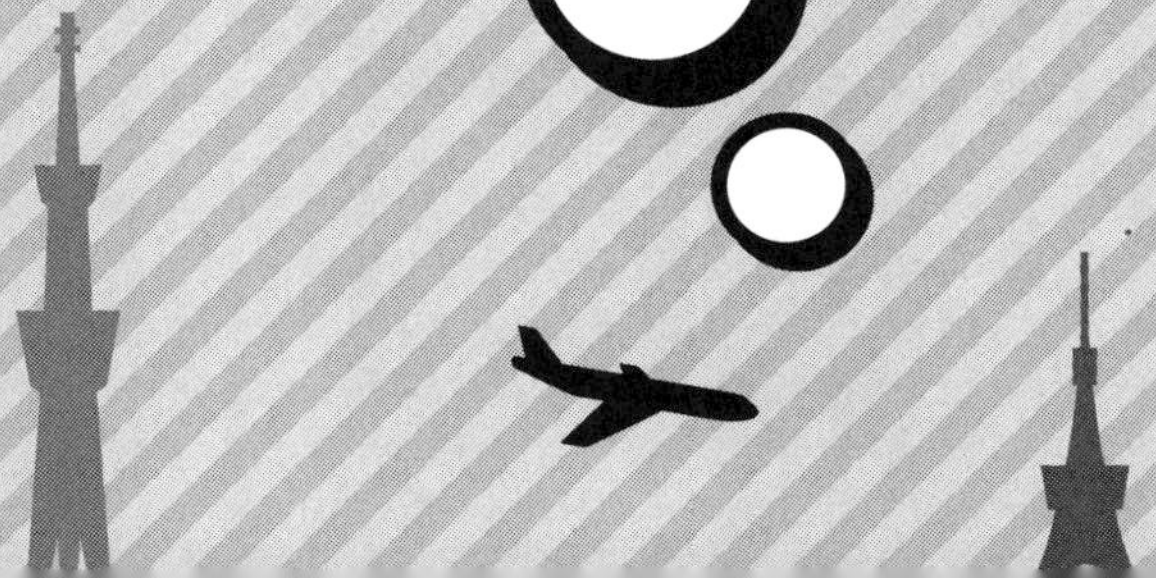

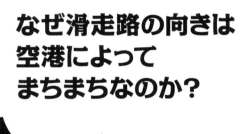

世界にある1万以上の空港すべてに空港コードがついている

世界には1万以上の空港があるといわれている。こんなに多くては、航空関係者も旅行関係者も業務を行なうのが大変である。成田空港やアメリカのJ・F・ケネディ空港のように、有名な空港ならいいが、誰も知らないようなローカルな空港だと、名前を聞いただけでは、どこの空港なのかわからない。

そこで、各国の空港を効率よく整理したのがアルファベットであらわされた空港コードだ。これには、国際航空運送協会（IATA）が定めた3文字の「3レターコード」と、国際民間航空機関（ICAO）が定めた4文字の「4レターコード」の2種類がある。

3レターコードは、旅客関係で使われ、手荷物のタグや時刻表にも記載されているので、われわれ乗客も目にすることがある。一方、4レターコードは、管制官などの運航関係で使われ、一般人が目にすることはない。

空港コードのほかに都市コードというのもあり、東京のように空港がいくつもある場合は、都市コードと空港コードは別になる。たとえば、東京の都市コードは「TYO」で、羽田空港のコードは「HND」だ。同じ東京の八丈島《はちじょうじま》空港は「HAC」である。

3レターコードは、空港名や都市名の頭文字が使われるのでわかりやすい。成田国際空港は「NRT」だし、伊丹国際空港は「ITM」というように、都市名の頭文字が使われている。

だが、4レターコードは、このようにわかりやすいつけられ方ではないので、丸覚えするよりしかたがない。ただし、4文字の最初の1~2文字は国や地域をあらわしているので、これを知っている

◆荷物タグ

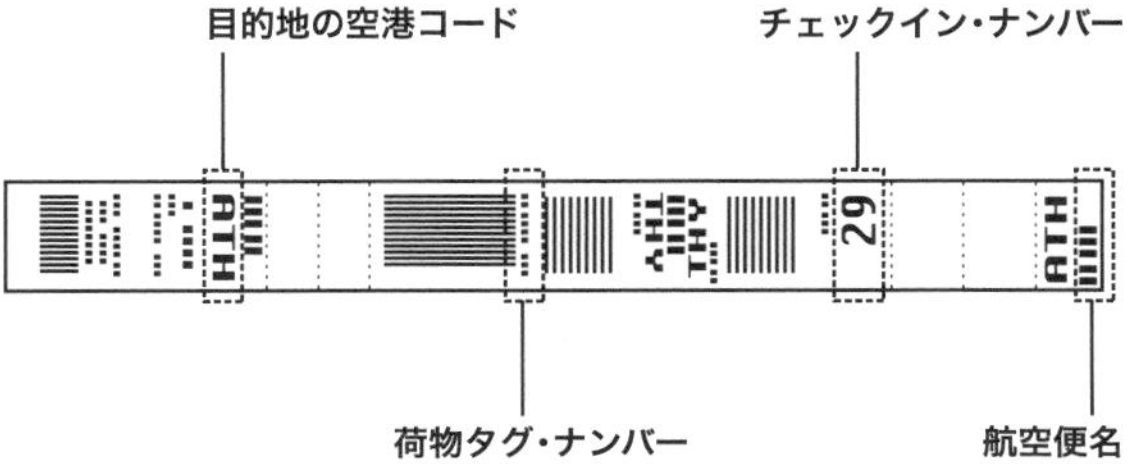

と、おおよそどこの国の空港かわかるのだ。日本の4レターコードの場合は、RJで始まる。ただし、沖縄はROで始まる。

一般のわれわれが空港コードを覚える必要はないが、乗務員やグラウンドスタッフなど、航空関係者はもちろん覚えているそうだ。

滑走路の長さは空港によって違うがどのように決められているのか？

どの空港にも滑走路は必ずあるが、この滑走路の長さは空港によってまちまちである。そもそも滑走路の長さは、どのようにして決められているのだろうか。

じつは日本の航空法には、機種ごとの「発着可能滑走路長」がある。これは、それぞれの機種に必要な滑走路の長さを定めたもので、たとえばボーイング737なら2000メートル以上の滑走路が必要とされている。

要するに、大きな飛行機は、長い滑走路がなければ離着陸できない。地方の小さな空港は、長さ800メートルの滑走路しかないことが多いが、そこは小型プロペラ機しか利用できないのである。

だが、これはあくまで基本的な数字である。なかには「この前ボーイング737に乗ったけれど、空港の滑走路は1500メートルだった」というケースもある。

これは、メーカーが定めた「離着陸滑走路長」に沿ったものである。航空法の定めとはまた別のもので、機種ごとに、重量や離着陸時の気温などの諸条件から計算した滑走路の長さであり、これを満たしていれば離着陸ができる。だから、2000メートル滑走路が必要とされるボーイング737でも、燃料が少なくてすむ短距離路線なら、1500メートル滑走路しかない空港でも離着陸ができるのだ。

滑走路は、長さだけではなく、幅にも取り決めがある。2500メートル滑走路に大型ジェット機が就航する場合は、60メートルの幅が望ましいとされ、長さ1280メートル以上なら幅は45メートル以上、長さ900〜1280メートル未満なら幅は30メートル以上、長さ900メートル未満なら幅は25メートル以上である。

なお、滑走距離は、離陸時よりも着陸時のほうが短い。というのも、飛行機は着陸時には燃料を使い切っているので、燃料のぶんだけ重量が軽くなっているからである。

したがって、燃料を多く積んでいる長距離国際線や、重い荷物を積んでいる貨物便は、なかなか止まることができないのである。

滑走路の先端に書かれた数字にはどんな意味がある？

飛行機が着陸するとき、機内に設置されたモニター画面に滑走路が映し出される。このときよく見ていると、滑走路の先端に数字が書かれているのが見える。これは滑走路が敷かれた方位を示す「指示標識」と呼ばれるもので、世界共通の方法であらわされている。

真北を起点にして、時計回りに角度を10分の1にした数字が記されている。たとえば真東は90度になるので「09」、真南は180度なので「18」、真西は270度だから「27」となる。真東のように100度未満のときは「09」と頭に0をつける。

この数字は滑走路の両端に記されているのだが、これは、滑走路が延びる方向を示している（滑走路のある位置を示しているわけではない）。

◆羽田空港の滑走路の指示標識

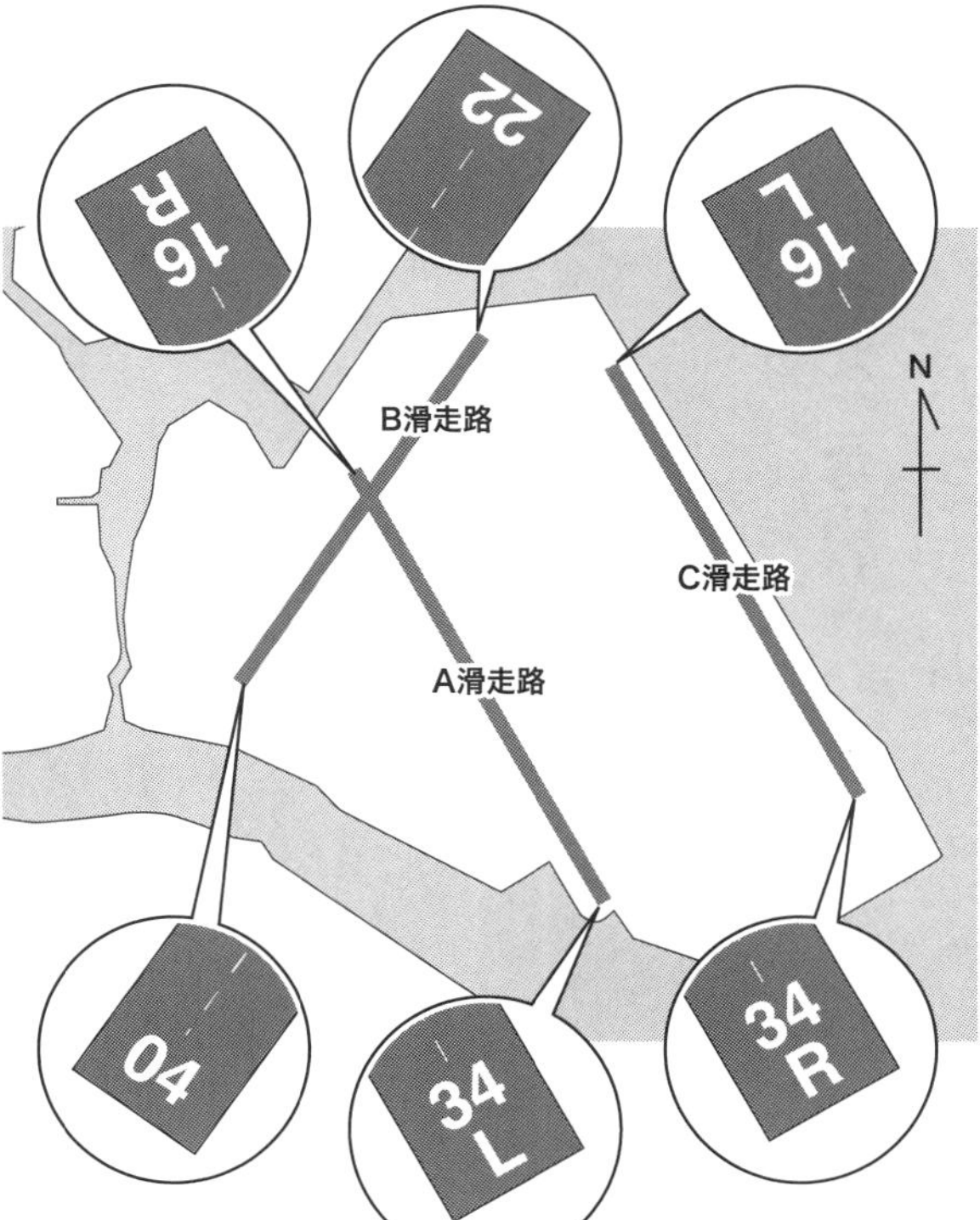

たとえば東京・羽田空港の場合を例に説明しよう。羽田空港には、一方に「34」、もう一方に「16」と書かれた滑走路がある。南方向から進入する飛行機のパイロットは、この「34」という数字を見て、340度の方角に滑走路が延びていると判断できる。逆に、北方向から進入してきた場合、パイロットは「16」という数字を見て、160度の方角に滑走路が延びていると、ひと目でわかるというわけだ。

ただし、平行に2本の滑走路がある空港では、それぞれの数字のうしろにRとLがつけられていて、右（ライト）と左（レフト）を区別することができるようになっている。

なお、滑走路が平行に3本並んでいる場合は、真ん中のものにはC（センター）がつけられる。

4……なぜ滑走路の向きは、空港によってまちまちなのか？

飛行機が離着陸する際に欠かせない滑走路だが、この滑走路の向きにもきちんと決まりがある。

70ページでも述べたが、離着陸のときにもっとも適した風向きは、向かい風である。

そのため滑走路の向きは、空港が建設される土地でもっともよく風が吹く方角に向かって飛行機が進入できるようにつくられている。そのとき参考にされるのが風向きの年間統計で、一番多い風向きを「卓越風《たくえつ》」と呼ぶ。

羽田空港の場合、南北から20度ほど傾いた南東・北西方向に延びる形に設計されているが、これは夏には南風、冬には北か北西から吹く季節風が卓越風だからだ。したがって、夏の着陸は北方向から滑走路に進入し、冬は南方向から進入することが多い。

日本の場合、本州ではほとんどの空港がこの季節風の影響を受けるため南北方向の滑走路が多いのだ。もし空港の立地が地理的にこの方向では難しい場合は、できるだけ着陸に困難のない方位につくられることになる。

ただ、風の方向はつねに一定ではないので、滑走路に対して横からの風が吹くこともある。そんなときのために、２本目の滑走路をメインの滑走路に対して直角になるように横風用滑走路として設けている空港もある。

たとえば、羽田空港の横風用滑走路は、メインの南北方向に対して東西方向に30度ほどズラした位置に設けられており、西風のときの着陸用に使われる。

視界不良の濃霧の中で飛行機はどうやって滑走路を確認しているのか？

飛行機の離着陸は、天候に大きく左右される。台風による欠航などはおなじみだが、出発地では何の支障もなく飛び立てたのに、到着地で着陸できず、近隣の空港に回避着陸したり、出発地に戻ったりするケースも稀にある。このように着陸できない原因でもっとも多いのが濃霧《のうむ》だ。

霧には、内陸部に発生する放射霧《ほうしゃぎり》と海岸沿いに見られる海霧《かいむ》などがあるが、放射霧は朝夕の温度差が大きいとき発生しやすい。これは気温が安定すれば回復するが、海霧は気象条件によっては日中でも発生し、しかも海で発生した霧が陸地に流れ込んでくると、長時間にわたって停滞する。

ならば、濃霧が発生したらその空港への着陸はできないのかといえば、それなりの対応策がある。

ローカライザー、グライドパス、マーカービーコンという電波を発信する装置によって空港から飛行機を誘導するのである。

ローカライザーは、着陸する飛行機の進入方向に対し滑走路の中央からの左右のズレを指示し、グライドパスは飛行機の進入角度を指示する。マーカービーコンは、滑走路の距離を示して飛行機の正しい進入の位置を教えるものだ。

ローカライザーは滑走路の右側と左側で異なるヘルツの信号を使い、中心線上で等しくなるよう設定して、ズレることなく進入できるように誘導する。グライドパスも滑走路の水平面から２・５〜３度の上向き角度で発射されていて、進入角を誤らないよう指示する。マーカービーコンは、滑走路の端から３００メートル、約１キロメートル、７〜15キロメートルの位置から異なるヘルツの電波を発して進入位置までの距離を知らせる。

パイロットは、これらの電波をコックピットのフライトディレクターなどの計器類によって確認することで、たとえ濃霧の中でも安全に着陸できるのである。

空港内を移動する旅客機にも制限速度がある

旅客機が離陸するとき、スポットにいる機体を最初に動かすのはトーイングカーの仕事だ。ボーイング777のような大型機を、小さなトラクターのような車で押して移動させるのだから、この作業は慎重に行なわれる。そろそろと機体が動きはじめ、同時にパイロットが旅客機のエンジンを始動させると誘導路へ向かうわけだが、このときの移動時速は最大15キロメートルと決められている。

トーイングカーに押されて誘導路へ出た旅客機は、トーイングカーを切り離し、エンジン出力を上げると自力で走って滑走路へ向かう。このときすでにエンジンは始動していて自走も可能な状態なため、切り離しの際にはパイロットはいったんブレーキをかける。

この切り離しが行なわれて旅客機が自走を始める誘導路をタキシーウェイと呼び、このときの移動はタキシングという。日本語でいえば地上滑走ということになるが、タキシング時の制限時速は37キロメートルだ。

ちょうど旅客機内では乗客が客室乗務員から緊急時の救命具の使い方の説明などを受けているときである。旅客機の機体が大きく、客室内は広く、窓から見える景色も広大なため、乗客はそれほどのスピードを感じない。

滑走路の端にたどり着いた旅客機は、いよいよ離陸のための滑走に入り、離陸時の速度、時速約３００キロメートルにまで加速していくのだ。

逆に着陸のときのランディングに入る瞬間のスピードは、時速約２４０キロメートル。そこから速度を落とし、やはり37キロメートルで誘導路に入り、徐々にスピードを落としながらスポットへと向かうのである。

なぜ航空機はクルマのようにバックできないのか？

車輪があってエンジンも搭載しているが、自動車と違って旅客機はバックすることはない。飛行機の推進力はジェット噴射なので、通常のうしろ向きの噴射では機体を前に進ませることしかできない。もちろん、逆噴射という機能はあるが、機体の動きが予測できず危険このうえない。

では、たとえば空港内を移動するときや格納庫に飛行機を入れるようなときどうするかというと、トラクターのような大きな車輪をもつ特殊な車両を使う。

前述したトーイングカーが、その車両である。機首の下にもぐって旅客機の前輪と自分の車体を連結させる。小型なのだがパワーがあるため、トーイングカーの前進により機体を押すことで飛行機をバックさせるのだ。

プッシュバックと呼ばれるこの方法で機体を押し続け、飛行機が自力で前進、離陸できる体勢になるまで移動させている。

トーイングカーは、小回りがきくため、機体の方向転換も自在だ。ただトーイングカーのオペレーターが気をつけなければならないのは、自分が右にハンドルをきれば機体は左に旋回するので、咄嗟の判断を間違えないようにすることだという。

トーイングカーの果たす役割は、離陸のためのプッシュバックだけではない。空港の駐機場での機体移動を補助し、点検や修理のために機体を格納庫まで運ぶのも仕事である。

さまざまな作業台のある庫内では、ぶつけたりしないように機体を動かすのは至難の業《わざ》。許される誤差は数センチメートルのため、庫内に残るタイヤのあとは、誰がトーイングカーを操作してもつねに１本という状態が保たれているという。

国際線の液体物持ち込み制限がゆるくなったワケとは？

ここ数年のうちで海外旅行をした人なら、国際線に乗る際、機内に液体を持ち込むことに制限がついているのはご存じだろう。

発端は、２００６年８月、イギリスの空港で起きた航空機爆破テロ未遂事件だ。液体の爆発物を機内に持ち込みテロを企てた事件である。これをきっかけに、２００７年３月より、航空機客室内への液体物持ち込み制限が国際線全便に適用され、液体とジェル状のもの、エアゾール（煙霧質）状のものは、持ち込みのルールが厳しくなった。

液体やジェルを持ち込むときは、ひとつ当たり１００ミリリットル以下の容器に入れ、再封可能な透明袋に入れなければならない。それ以上のものは保安検査にひつかかり、その場で捨てることになる。

ふだん使い慣れた化粧品などを海外にもっていこうにも、100ミリリットル以下にしなければならないので、不便を感じている人も多いだろう。

また、海外からの乗り継ぎ客についても、出発地の免税店で購入した酒類や化粧品など、100ミリリットルを超える液体物をもっていると、没収の対象となる。

本来、免税店は乗り継ぎがある客に対しては、100ミリリットルを超える酒類などの免税品を売ることはできないはずだが、海外の空港では売られてしまうケースは意外と多い。事実、成田空港だけでも没収される免税品は、なんと月に500点を上回るという。

乗り継ぎ客と検査員の間では、つねに押し問答が繰り広げられてきた。

そこで国土交通省は、2014年3月31日から、海外からの乗り継ぎ客を対象に、一定の検査条件を満たせば機内に持ち込めるよう制限を緩和したのだ。

乗り継ぎ客が検査を通過するためには、国際基準で統一された免税店共通の袋に密封されていることが条件である。開封した形跡があれば機内に持ち込むことはできない。

また、新たな検査方法も導入されている。これまではガソリンなどの火燃物しか判別できなかったが、新たな検査機器の導入で、液体に含まれる爆発物などの成分も感知できるようになっている。

なぜ空港の駐機場をエプロンというようになったのか？

空港には、「エプロン」という場所がある。これは駐機場のことである。着陸した飛行機は、乗客を降ろしたあと、そのまま次のフライトまでそこに居座っているわけではない。空港内にあるエプロンに移動して、そこで旅客や貨物、郵便物などを降ろし、整備や点検、燃料の補給、機内の清掃などを行なう。そして、次のフライトのために食料や飲み物を積み入れ、旅客や貨物、郵便物を載せてエプロンから出ていき、滑走路に移動していく。

エプロンという名称は、滑走路から見ると、料理のときに着る前掛けのように見えることから付けられた名前である。

さらに、空港にはもうひとつ駐機のためのスペースがある。これは「スポット」と呼ばれ、エプロンと混同されがちだが、スポットとはエプロンの中に指定された駐機位置である。エプロンは空港の中で広い面積を占めており、スポットはその内側にある特定のスペースということになる。

エプロンもスポットも、厳密なルールによって統制されている。たとえば、飛行機の大きさによって駐機できるエプロンもスポットも決まっているし、エプロンの駐機方法にもいくつかのパターンがある。

エプロンに衛星状にいくつかのターミナルを設けて、まわりにスポットを配置するサテライト方式、ターミナルビルから桟橋（フィンガー）を延ばし、そのまわりにスポットを配置するフィンガー方式、横長のターミナルビルに沿って飛行機を一列に並べるフロンタル方式、ターミナルビルから離れたエプロンに飛行機を駐機させてバスで連絡するオープンエプロン方式などである。

次に空港に行ったとき、どの方式をとっているか観察してはどうだろう。

着陸機の前で旗を振っている人は誰？

着陸した旅客機が駐機場所で停止する直前、機体の前にリフトを乗せた小型トラックが近づいてくる。高さ3メートルほどのリフトの上には人が立っており、手旗信号のような合図を送っている。この機体を誘導する係はマーシャラーと呼ばれる。

滑走路からエプロンに入った旅客機は、ボーディング・ブリッジにつながれたり、定められたスポットに駐機したりするために空港内を移動する。それを正しい経路で、決められた位置に導くのがマーシャラーである。

マーシャラーが手にしているのは旗ではなく、卓球のラケットを大きくしたようなパドルと呼ばれる手具。

これを使って前進とか左旋回とか、減速といった指示をコックピットに送る。最後にパドルを頭上で交差させると停止の合図になる。そのため、パイロットから見えやすいようリフトに乗っていることが多い。

パイロットによって、機体の進め方や寄せ方に癖があるため、誘導中に機長と息を合わせることが重要になる。マーシャラーが停止の合図をすると、別のスタッフが機体に車輪止めをする。それを確認したマーシャラーは胸元でパドルを交差させて駐機のための全作業が終了したことを機長に知らせる。機長が了解のサインを返してきたら、マーシャラーの仕事が終わる。

このマーシャラーも、車輪止め作業をする人も、また駐機後の機体をボーディング・ブリッジにつなぐ人も、全員がグランウドハンドリングと呼ばれる空港内での仕事に携わるスタッフである。

ほかにも、手荷物や郵便物、コンテナなどの積み降ろしや運搬をしたり、次の離陸に備えて客室の清掃をしたりするのもグラウンドハンドリングスタッフの仕事だ。旅客機を離陸のためにプッシュバックするトーイングカーのオペレーターも、このスタッフに含まれる。

グラウンドハンドリングのほとんどの仕事が屋外での作業のため、悪天候のときはとくに過酷だが、なんとしても時間通りに、ミスなく作業することが至上命令とされる仕事である。

いざとなったら大型旅客機は一般道に着陸できるのか？

ドイツの高速道路「アウトバーン」は、戦時下などいざというとき滑走路に使えるように設計されたというが、現在の日本にはそんな道路はない。海外では、高速道路に民間の小型機がトラブルで緊急着陸したというようなニュースが流れることが稀にあるが、これがジャンボのような大型旅客機であれば着陸は無理である。

そもそも大型ジェット機の着陸時に車輪にかかる重さは、接地時のスピードが時速２００キロメートルなら約２００トンにもなる。一般の舗装道路で、たとえ幅や直線距離などの条件を満たしていたとしても、この衝撃に耐えられるものは日本にはない。

日本の一般道路の多くはアスファルト舗装だが、砂利や土砂の上に敷かれたアスファルトは厚さ数センチメートルにすぎない。これが、滑走路の場合だと、アスファルト部分だけで２～３メートルという厚さだ。それも、何度も何度も舗装を重ねて、強度のある厚みにしてある。

強度の点ではアスファルトよりコンクリート舗装のほうが優れているが、補修に時間がかかるため、自衛隊機などが使う特殊な条件の滑走路以外は、アスファルト舗装が日本では一般的だ。

さらに羽田空港や関西国際空港のように、海を埋め立てて造成した空港では、地盤そのものも数十メートル下まで補強工事が施されているのである。

また、雨水が滑走路に溜まって車輪がスリップする現象が起こらないよう、滑走路は中央を高く、両端を低くして雨水が流れるように傾斜がある。そのうえ路面には細かい溝が傾斜に沿って刻まれていて、水はけが非常によくなっている。

乗っているときはまったく気がつかないが、飛行機を安全に運航するためにさまざまな知恵と技術が隠されているのである。

空港にきらめく色とりどりのライトにはどんな意味がある?

夜間に到着地上空に近づくと、眼下に見える空港は色とりどりのライトがきらめいている。

その光のひとつひとつは着陸に必要な情報をパイロットに伝えるサインである。とくに滑走路周辺には、パイロットの有視界飛行にも困らないほどの光のサインが設置されている。

まず空港全体の位置を示す「飛行場灯台」は、空港近くの見えやすいところに設けられ、白と緑の線が交互に回転している。

つぎに、滑走路全体を四角く囲むのが白色の「滑走路灯」で、滑走路の輪郭を示している。その滑走路のセンターラインを示すのが白と赤の明かりを一直線に並べた「滑走路中心灯」だ。白と赤の色の区分け、さらにその間隔によって、パイロットが滑走路の距離を計算できるような配置になっている。

「滑走路末端灯」は航空機が進入する手前側が緑、反対側に赤が点灯される。緑が、ここから先は安全、赤がここから先は危険と知らせているわけで、普通の道路の赤・緑の信号と意味は同じだ。

さらに着陸時の進入を正確にするために、滑走路の延長線上に設置されているひときわ明るい閃光が「進入灯」だ。進入の角度を間違えないようにするために、地上に対して3度の角度を表示するライト「進入角指示灯」が、滑走路左側に4個並んで点灯される。白と赤の色の組み合わせにより、進入角が正しいかどうかわかるようになっている。

ほかには誘導路とエプロンの端を示す青のライトがあり、誘導路の中心線を示す緑のライトとともに、空港デッキからでももっとも目立つ明かりである。

これらはすべて空港の明かりだが、夜間飛行にはもうひとつ欠かせない明かりがある。それは「航空灯台」で、航路や特定のポイントを表示するために設けられていて、航空路灯台、地標航空灯台、危険航空灯台の3種がある。

日本の空の玄関・成田空港があるのになぜ羽田空港の国際化をすすめるのか?

長いあいだ、東京圏の空港では、「国内線は羽田、国際線は成田」という役割分担があった。しかし2014年、羽田空港の国際線発着枠が拡大され、同空港の国際化がより進むことになった。そこには羽田空港を航空ネットワークの中核となるハブ空港とする狙いがあった。

もともと成田空港は都心からかなり離れているため、移動が大変という不満があった。それに加え、国際空港として不便な点があることも否めない。

たとえば、国際空港といいながら24時間空港ではない。午前6時から午前0時という時間制限がある。また滑走路が2本しかなく、しかもそのうち1本は長さが短いため、長距離便で使うA380などの大型旅客機の発着ができない（新滑走路と滑走路の延伸計画が進んでいる）。これでは発着本数に限界がある。

また、運用効率を上げるために早朝発着するLCCだが、成田には早朝の交通手段がないなどである。

羽田のハブ空港化は、24時間空港ではないために成田空港から韓国の仁川《インチョン》国際空港に流れてしまった国内・国外の旅客を、もういちど日本に取り戻すことも狙いなのである。

国土交通省の資料によれば、海外就航先は18カ国・30都市に及び、1日の国際線発着回数は最大230回、1日の国際線利用者数は約4万7000人まで広がっている。これは世界で5番目に利用者の多い空港でもある（2017年実績）。

ヒトとモノが行き来する空港は、その国全体の競争力を左右する。羽田をハブ空港化することで、アジアの航空路線ネットワークの中心的存在に躍り出ようというのが日本の狙いである。

ブランド品が国内の半額で買える免税店 なぜ安くできるのか？

海外旅行の楽しみのひとつがショッピングという人は多い。ご存じのように有名ブランド品や酒、タバコ、香水などが、空港や海外の免税店なら、日本で買うより10～40％も安く買える。

世界各国の国際空港には免税店が立ち並び、買い物をする旅行者でにぎわっている。また、香港やシンガポール、ハワイ、グアムなどの観光客の多い都市には、大きな免税店があり、品揃えも豊富なので、日本人観光客に人気がある。

では、なぜ免税店で売られている品は安いのだろうか。

何となく、税金が免除されているから安いということはわかるが、なぜ特定の店で買うと税金が免除されるのか、どのくらい安くなるのかは、意外と知られていない。

そもそも税金は国に納めてその国の公共利益のために使われる。だから、一時的にしか滞在しない旅行者には支払う義務はないので、税金分を差し引いた値段で売るというのが、免税店のしくみである。

免税店の多くは空港内の出国審査を終えたエリアにあって、ここで買い物をする場合、どこの国にも属さないので税金の対象にならない。

いくらくらい安くなるかは、商品によって税率が違うので、免税店で買ったほうがだんぜんお得という場合と、日本の安売り店で買ったほうが安いという場合がある。ブランド品では、化粧品や香水は免税店のほうがだんぜん安い。

また、免税店に必ずある酒とタバコだが、これらは税率が国によって大きく異なる。免税店で買うと半額近くになるものもある。だから、空港にはタバコを何箱も抱えたオジサンが多いのだが、旅行者の免税品には持ち込み量に制限があるので、買いすぎると逆に高い関税をかけられる。

とくに近年、ディスカウントショップの酒類の値段は大幅に下がっており、免税品の値段とそんなに変わらなくなりつつあるのでよくチェックしたほうがいい。

この免税範囲は目的地の国によって違うので、旅行会社のパンフレットやガイドブックで確認しておく必要がある。

海抜世界一の空港がもつ、もうひとつの世界一とは?

南米のボリビアの首都ラパス近郊にあるエル・アルト国際空港は、海抜4061メートルにある世界一高地にある空港である。標高3776メートルの富士山よりも高いところにある空港なのだ。

だが、高地の空港ならではの悩みもある。飛行機の離着陸には空気の密度も大いに関係するのだが、ラパス空港は高地にあるため空気がとても薄い。そのため空気抵抗が小さく、空気密度に比例する揚力は小さい。そうなると、推力が小さくなるうえに、エンジンは空気を燃焼しにくくなり、より多くの燃料を消費しなければならなくなるのだ。

揚力を得るためにいつもよりも速いスピードで飛んでいるため、着陸時も、勢いがついているぶん滑走距離も長くなる。そのため、高地の空港では長い滑走路が必要になる。じつは、ラパス空港は高さだけでなく、滑走路の長さも4000メートルもある。

また、高地の空港ならではの不便さがある。

このラパス空港は、いくら滑走距離を長くしても、重量の重い飛行機は離陸できないのだ。そのため、ラパスを出発した飛行機は、1時間ぶんの燃料だけを積んで、いったん近くのサンタクルスという平地にある空港に立ち寄る。そこで燃料を満タンにしていざ長距離便として出発するのだ。

これも高地の山々が多い南米ならではの悩みである。

経営危機で揺れた航空会社が打ち出した驚きの新サービスとは？

最近、鉄道の運転体験を実施している鉄道会社が増えている。鉄道マニアにはたまらない企画だが、「鉄道の運転体験があるなら、飛行機の操縦もないと不公平ではないか」と不満に思う飛行機マニアもいるだろう。そんな思いをかなえてくれるのが北九州市を本拠とする航空会社、スターフライヤーである。

スターフライヤーは、九州各地を結ぶ便を中心に展開するＭＣＣ（中堅航空会社）。ゆったりした座席配置や格調高い座席など、ＬＣＣ（格安航空会社）の飛行機より一段上の「プチプレミアム路線」を売りにファンを増やしていた。ところが、新型コロナウイルス感染症の影響を受け、多くの航空会社と同じく大幅な旅客減に見舞われた。

そうしたなか、スターフライヤーは少しでも収益につなげようと、パイロット体験企画をはじめたのである。

どのような企画内容かというと、北九州空港にあるスターフライヤーの自社訓練施設・ＳＦＪトレーニングセンターにて、パイロットが訓練に使うフルフライトシミュレーターを用い、本番に沿った操縦疑似体験ができるというもの。

注目すべきは、操縦体験だけでなく、乗務までの一連の流れを本番さながらに体験できることだ。パイロットが着ているのと同じ本物の制服を着用し、フライト前にはブリーフィングと呼ばれる打ち合わせにも参加して、客室乗務員らとともに当日の気象や飛行ルートなどを確認する。

フルフライトシミュレーターは国土交通省航空局が最高位「レベルＤ」と認めたエアバスＡ３２０型機。コックピットに座ったら、パイロットのサポートを受けながら操縦桿を握って飛び立ち、臨場感たっぷりの空の旅を体験する。そして帰還した後は、シミュレーターに設置された記録ビデオを見て、自分のフライトを振り返る。

この企画はコロナ禍の２０２１年3月に限定3日間で募集したのを皮切りに、何回か開催されている。参加は同社のマイレージ会員制度「スターリンク」の会員であることが条件で、料金は1回10万円以上になる。かなり高額なサービスになるが、それでも初回は６人の枠に対して１００倍もの応募があったという。

飛行機マニアなら垂涎《すいぜん》ものの飛行機操縦体験。一度は経験してみたい企画であることに間違いはない。

『マニアの王道 旅客機マニアの常識』徳光康（イカロス出版）
『得する格安航空旅行　LCCの使い方』（イカロス出版）
『わかりやすい旅客機の基礎知識』坪田敦史ほか（イカロス出版）
『ザ・コクピット』（イカロス出版）
『ボクの飛行機あれこれ学』ヒサクニヒコ編（同文書院）
『旅客機雑学ノート』中村浩美（ダイヤモンド社）
『面白いほどよくわかる飛行機のしくみ』中村寛治（日本文芸社）
『旅客機雑学のススメ』、『新・旅客機雑学のススメ』谷川一巳（山海堂）
『旅客機なるほどキーワード』阿施光南（山海堂）
『飛行機のしくみ』水木新平ほか監（ナツメ社）
『パイロットが空から学んだ一番大切なこと』坂井優基
（インデックス・コミュニケーションズ）
『飛行機の雑学』中村浩美（グラフ社）
『もう飛行機なんか怖くない』デビー・シーマン（プレアデス出版）
『読んで愉しい旅客機の旅』中村浩美（光文社）
『コックピット風雲録』乙訓昭法（清流出版）
『空港で働く』松井大助（ぺりかん社）
『飛行機ノススメ』東京写楽（文芸社）
『空の小話集』土居則夫（文芸社）
『Newsweek日本版』／『月刊エアライン』／『ザ・パイロット』／『pen』／
『週間ダイヤモンド』／日経新聞

以下の文献等を参考にさせていただきました。

『安全・快適エアラインはこれだ』藤石金彌（朝日新聞社）
『機長からのアナウンス』内田幹樹（新潮社）
『航空機のグランドハンドリング』日本航空技術協会編（日本航空技術協会）
『エアラインハンドブックQ&A100』全日空広報室編（ぎょうせい）
『最新 航空実用ハンドブック』日本航空広報部（朝日ソノラマ）
『現代の航空輸送事業』塩谷さやか、中谷秀樹、三田譲編著（同友館）
『絵でみる航空用語集』航空用語研究会（産業図書）
『よくわかる最新飛行機の基本と仕組み』中山直樹、佐藤 晃（秀和システム）
『よくわかる航空力学の基本』飯野明監（秀和システム）
『航空運賃のカラクリ』、『21世紀の航空常識88』杉浦一機（中央書院）
『旅客機・空港の謎と不思議』谷川一巳（東京堂出版）
『図解でわかる飛行機のすべて』三澤慶洋（日本実業出版社）
『飛行機の雑学事典』白鳥敬（日本実業出版社）
『業界の最新常識 よくわかる航空業界』井上雅之（日本実業出版社）
『機長の告白 生還へのマニュアル』杉江弘（講談社）
『機長の仕事』大村鑛次郎（講談社）
『図解・ハイテク飛行機』柳生 一（講談社）
『ジャンボ・ジェットを操縦する』岡地司朗編（講談社）
『機長の700万マイル』、『機長の一万日』田口美貴夫（講談社）
『機長のかばん』石崎秀夫（講談社）
『航空基礎用語厳選800』青木謙知（イカロス出版）
『グランドスタッフ入門』野田勝昭（イカロス出版）

エアライン研究会
「人類最大の発明は飛行機である」といってはばからない、自他ともに認めるエアラインファンによって結成された研究チーム。幅広いネットワークを活かして収集した国内外の航空情報を、より多くの人に提供し、飛行機の魅力を伝えることをモットーとしている。あくまでも乗客の視点にこだわって、航空業界の動向を見守っている。

最新版
飛行機に乗るのがおもしろくなる本

発行日　2022年 8月 8日　初版第1刷発行
　　　　2024年 6月15日　　　第3刷発行

編　者　エアライン研究会

発行者　小池英彦
発行所　株式会社 扶桑社
〒105-8070　東京都港区海岸1-2-20　汐留ビルディング
TEL.(03)5843-8843(編集)　TEL.(03)5843-8143(メールセンター)
http://www.fusosha.co.jp/

印刷・製本　中央精版印刷株式会社
装丁　Super Big BOMBER INC.
デザイン　竹下典子
DTP　アーティザンカンパニー
イラスト　株式会社スプーン

ISBN978-4-594-09260-3
Printed in Japan